KB009431

갈라파고스의 꿈

갈라파고스의 꿈

_다윈의 비글호 항로를 따라서

초판 3쇄 발행일 2023년 5월 17일
초판 1쇄 발행일 2011년 2월 1일

지은이 권영인 · 강정극
펴낸이 이원중

펴낸곳 지성사 출판등록일 1993년 12월 9일 등록번호 제10 – 916호
주소 (03458) 서울시 은평구 진흥로 68, 2층
전화 (02) 335 – 5494~5 팩스 (02) 335 – 5496
홈페이지 www.jisungsa.co.kr 이메일 jisungsa@hanmail.net

ISBN 978 - 89 - 7889 - 234 - 6 (04400)
ISBN 978 - 89 - 7889 - 168 - 4 (세트)

갈라파고스의 꿈

다윈의 비글호 항로를 따라서

권영인
강정극
지음

지성사

차례

| 여는 글 |

기다림! 누군가 인생의 반은 기다림이라고 했던가? 오랜 시간을 준비하고 기다려서 마침내 내 나이 오십을 바라보는 2008년 10월 9일, '갈라파고스 프로젝트' 탐사 팀은 미국 애나폴리스 항에서 탐사선 장보고호를 건조하여 출항했다.

장보고호는 미국 동부 해안을 따라서 남하하다가 돛대가 부러지는 사고를 당하여 좌충우돌하면서 플로리다에 도착한 후, 걸프 해류를 건너 바하마 군도, 카이코스터크스 섬, 도미니카 공화국, 푸에르토리코에 이른다. 다시 배를 수리하여 출항했으나 카리브 해에서 여러 번의 폭풍우를 만나 닻줄이 끊어지고, 풍력발전기가 넘어가고, 선체의 앞부분이 부서져서 할 수 없이 배를 처분했다.

이후 육로로 이동하여 영국의 과학자 찰스 다윈이 탐사했던 행적을 따라 브라질, 우루과이, 아르헨티나, 칠레, 페루, 에콰도르를 답사하면서 남미를 한 바퀴 돌아 나의 꿈인 갈라파고스로 가기 위해 새 탐사선 장보고주니어호이하 장주호를 구입했다. 장주호에 다시 해양 탐사 장비를 설치하고 항해 준비를 하여 멕시코에서 갈라파고스와 하와이를 항해한 후 여수로 금의환향하는 꿈을 꾸었다. 하지만 지금 나의 애마 장주호는 목적지를 얼마 남겨 두지 않고 난파되어 웨이크 섬에 동상처럼 서 있다.

이 책은 다윈 탄생 200주년이자 그의 저서 『종의 기원』 발간 150주년이 되는 2009년을 맞아 170여 년 전 비글호의 경로를 따라 자연과학자 다윈이 연구한 기록들을 현장에서 확인하고, 해양과 연안에 대한 자연과학적 관찰과 탐사 그리고 항해하면서 겪었던 모험 가운데 멕시코에서부터 웨이크 섬까지의 항해일지이다.

비록 웨이크 섬에 장주호를 두고 돌아와 기약도 없이 무작정 가지러 갈 날을 기다려야 하는 신세가 되었지만, 나의 이 무모한 도전과 탐험은 어릴 적 읽었던 『15소년 표류기』나 『로빈슨크루소의 모험』 이야기가 허구가 아닌 실제가 될 수 있다는 사실을 확인시켜 주었다. 이러한 나의 모험이 청소년 여러분에게 바다에 대한 꿈과 도전 정신을 고취시켜 줄 수 있는 계기가 되었으면 한다. 내가 꿈꾸었던 대로 여수로 금의환향은 못했지만 많은 사람들의 관심과 기도로 대원들 모두 다치지 않고 건강하게 무사히 귀국한 것만으로도 감사하고 행복하다.

갈라파고스 프로젝트를 시작하면서 연구소에 다니며 알던 사람들과는 사고방식이 전혀 다른 많은 사람들을 알게 되었고, 평소 생각지도 못했던 사람들의 도움을 많이 받았다. 불교신자는 아니지만 작은 인연도 소중히 생각하고 감사해야 한다는 평범한

진리를 몸소 체험한 좋은 기회였다. 그 인연을 일일이 열거할 수는 없지만 지면으로나마 감사의 마음을 전하고 싶다. 생면부지의 초면에 황당무계한 계획을 믿고 도와주신 동원그룹 김재철 회장님과 장보고기념사업회 천인봉 사무총장님, 영양제와 선크림을 협찬해 준 누스킨의 이선경 동기, 월급쟁이로 넉넉지 않은 중에도 성금을 보내준 이석규 동기와 천종화 박사, 기상 정보를 제공해 준 기상청의 유희동 박사와 탐사 대원을 지원해 준 요트부 선후배들, 해양 탐사 장비를 제공해 준 독일 프라나테크 사의 메이슨 사장, 스폰서로 협찬해 준 미국 요트제작회사 수잔 사장, 탐사 시작부터 마무리될 때까지 기도해 준 몽고메리 대학의 김덕경 교수, 자비로 보급품을 공급해 준 마이애미 대학의 이희숙 박사, 배가 파손되었을 때 자신의 일처럼 걱정하고 도와준 한국전 참전용

사 프랭크 선장, 김치와 한국음식을 제공해 주신 찰스톤 한국식당의 김 사장님, 푸에르토리코 살리나스 항에서 아들처럼 대해준 독일인 노부부, 남미 육로 탐사 준비 중 신세진 브라질의 김영희 · 윤상필 부부, 마사뜰란 항에서 배 수리를 도와준 릭 선장, 갈라파고스 제도에서 통역과 현지 촬영을 도와준 코이카의 김은영 씨, 하와이에서 따뜻이 맞아 주신 한인회 회장님과 이사님들, 그리고 서울안경 사장님, 알라와이 항의 이웃 요트에서 생활하시던 폴 김과 권혁주 형님, 멀리 하와이까지 보급품을 직접 공수해 주신 이경우 형님, 난파되었을 때 구조해 준 웨이크 섬의 사령관 스티브와 태국 군무원들, 상어 해안에서 피 흘리며 다큐멘터리를 제작한 동아일보의 이성환 PD, 산크리스토발 섬으로 귀중한 보급품을 갖고 찾아온 신광영 기자, 연락도 두절된 상황에서 원고를 기다려 준 과학동아의 박근태 · 이현경 기자, 이 책을 발간해 준 지성사와 한국해양연구원 해양문고 관계자 여러분들 모두 고마운 분들이다. 다시 한 번 감사의 마음을 전하며, 세상 어디에서든 모든 사람은 함께 어우러져 살아야 한다는 사실을 이 책을 읽는 청소년 여러분들에게 전하고 싶다.

마지막으로 어려운 환경에서 생사를 같이하며 항해를 해 준 강동균, 송동윤, 지준명, 권상수, 이호근 대원과 그동안 보내 주신 많은 분들의 성원에 진심으로 감사드리며 538일간의 갈라파고스 프로젝트의 제1막을 내린다.

2011년 봄을 기다리며

권영인

갈라파고스 프로젝트 탐사 계획

일시*	장소	다윈의 연구 내용	장보고 · 장주호 탐사 연구 내용
출항 1~2일차	미국 동부 해안 애나폴리스	없음	– 체사피크 만의 생태 및 환경
3~10일차	미국 동부 해안 운하 (intracoastal waterway)	없음	– 운하 주변의 생태, 퇴적물, 수질, 인공 건조물, 관리 상태와 방법 등
11~25일차	미국 대서양 연안	없음	– 가스 하이드레이트 발견 지역의 해수 성분 및 주변 환경(Blake Ridge; ODP Leg 164**), 플로리다 석유 개발 및 오염 현황, 석회석 거발 현황, 해안가 지하수의 수질 오염 상태
26~75일차	카리브 해 도서 지역	없음	– 산호의 생태 및 환경, 기후 변화 · 오염과 산호와의 관련성 – 바하마 섬의 플라이스토세 석회암의 발달 상태, 렌즈상 지하수의 발달 상태, 석유 개발 현황 – 자마이카 섬의 제3기 석회암, 백악기 화산암, 변성암 발달 상태, 석유 개발 현황 – 터크스와 케이코스 섬의 새똥 비료 활용, 하이티 섬의 보크사이트와 구리 광산, 도미니카공화국의 니켈 광산 – BSR 지역의 해수 성분(Southern Caribbean Sea, Barbados Ridge)
76~110일차	살바도르	열대식물, 해안 노두, 가시복, 황녹조류	– 남위 18도 42분, 서경 37도 52분 지역의 함몰 지형의 생성 원인, 석유 탐사 · 오염, BSR*** 지역의 해수 성분(Amazon Fan) – 다윈 연구 경로 답사
111~118일차	리오데자네이루	열대식물 · 동물, 석호의 생태, 육상 노두	– 다윈 연구 경로 답사 – 산토스 석유 분지****

119~129일차	말도나도(몬테비데오)	강기슭 노두, 파충류, 조류, 사구, 번개에 의한 모래 관(tube)	– 다윈 연구 경로 답사 – 펠로타스 석유 분지
130~136일차	부에노스아이레스	퇴적물 이동, 하상 퇴적층, 융기, 화석, 포유류, 조류, 강 주변의 지질	– 다윈 연구 경로 답사
137~144일차	바이아블랑카	퇴적층, 소금호수, 지층의 융기, 화석, 파충류, 조류	– 다윈 연구 경로 답사 – 산조지 석유 분지
145~147일차	산타크루스	제3기 조개층, 융기, 제3기 지층	– 다윈 연구 경로 답사
148~150일차	티에라델푸에고 섬	원주민, 퇴적층	– 다윈 연구 경로 답사
151~158일차	마젤란 해협	해초, 동식물상 변화, 원주민, 표석, 빙하	– 다윈 연구 경로 답사
159~185일차	칠레 중부	화산, 융기, 금광, 광산, 조류, 포유류	– 구리, 은, 금 광산 개발 현황 – 다윈 연구 경로 답사
186~216일차	칠레 중부	칠로에 섬, 초노스 제도 활화산, 인디오, 늪지, 식생, 지진의 증거	– 쯔나미 퇴적층, 늪지대의 환경 – 다윈 연구 경로 답사
217~269일차	칠레 중부	칠레 북부, 페루 사금, 광산, 해안단구, 인디오 유적	– 가스 하이드레이트 발견 지역의 해수 성분 및 주변 환경(Peru–Chile trench; ODP Leg 112) – 다윈 연구 경로 답사
270~293일차	갈라파고스 제도	화산, 파충류, 조류(핀치)	– 조류의 생태, 화산성 퇴적물 – 다윈 연구 경로 답사
294~383일차	타히티 섬	산호초, 고사리, 화산암	– 산호초 내의 CO_2 분압, 생태 – 다윈 연구 경로 답사
384~410일차	동남아시아	없음	– 가스 하이드레이트 발견 지역의 해수 성분 및 주변 환경(Timor Trough, Nankai Trough) – 석유 자원(인도네시아, 파푸아뉴기니, 동중국해), 사모아의 연안 자원
411일차	여수	–	–

* 기상조건에 따라 9월 말에서 10월 초 출항 예정 ** ODP 시추공 위치도 참조 *** BSR: 가스 하이드레이트의 간접 증거 **** 석유 분지 분포도 참조

갈라파고스 프로젝트 탐사 경로
해양탐사
육로탐사
미국
애나폴리스(출발)
2008년 10월 9일
카리브 해
2008년 12월
멕시코
마사뜰랑
한국
여수 2010년 3월 말(예정)
웨이크 섬
2010년 3월 7일 난파
하와이
2010년 1월 26일 도착
2009년 7월 도착
장주호 구입
3개월여 준비 후 2009년
11월 3일 '제2의 항해' 시작
갈라파고스 섬
2009년 11월 28일 도착
20일간 탐사 활동 후
12월 18일 출항
페루
라마
2009년
6월 17일
브라질
상파울루
2009년
3월 5일
항해 도중 폭풍우
로 배 바닥에 구멍
장보고호 처분 후
육로 탐사
아르헨티나
부에노스아이레스
2009년 4월 22일

제1부

자, 떠나자!! 꿈을 향하여

"2007년 6월 19일 포항 기점 동북방 135킬로미터, 울릉도 남방 100킬로미터 동해 해상 수심 2000여 미터 땅속에서 세계에서 5번째로 가스 하이드레이트불타는 얼음를 채취하는 데 성공했습니다."

TV 아나운서의 발표에 이어 화면 한구석에서 불타는 얼음을 갖고 연소 실험을 하고 있는 내 얼굴이 나타났다. 그 순간 이제 내 꿈을 찾아 연구소를 떠날 때라는 생각이 들었다. 바야흐로 50을 바라보는 늦깎이의 꿈을 향한 538일간의 모험과 도전이 시작되는 순간이었다.

이번 항해는 어린 시절 다윈Charles Robert Darwin의 『비글호 항해기』를 읽으면서 시작되었다. 책을 읽는 내내 어린 가슴에는 먼바다를 향한 동경이 싹텄고, 마치 과학자라도 된 듯 '과연 사실일까?'라는 반문을 거듭하며 한 글자라도 놓치지 않으려고 꼼꼼히 읽었다. 갈라파고스의 섬들마다 핀치의 부리 모양이 다르다는 부분에서는 솟구치는 의문을 감출 수가 없었다. 함께 비글호를 타고 항해하는 상상이라도 할 때면 세상을 다 가진 듯 행복했었다.

마침 2009년은 다윈의 탄생 200주년이자 '자연선택'에 의한 진화론을 알린 『종의 기원』 출간 150주년이 되는 뜻깊은 해였다. 영국의 자연과학자인 다윈은 평소에 여행과 탐사를 좋아하여 비글호 탐사에 참여했고, 여기서 항해 중에 관찰한 화석과 생물을 기초로 진화론을 생각해 냈다.

나는 170여 년 전 다윈이 갔던 길을 똑같이 따라가 보고 싶었다. 작은 보트로 망망대해를 항해한다고 하니까 무모한 짓이라며 주변의 동료들이 말렸지만 언젠가 버스 터미널에서 본 커다란 강아지 인형이 안고 있던 'Can't live without a dream 꿈 없인 살 수 없다'이라는 문구를 떠올리며 결심을 굳혔다.

당시 우리 연구 팀은 동해에서 불타는 얼음을 발견해서

안정적인 연구비가 보장되어 모두가 행복한 때였다. 풍요로운 연구 환경 속에서 지냈지만 실상 내가 하고 싶었던 일들과는 거리가 멀었다. 난 꿈에 굶주려 있었다. 하늘 위를 지나가는 뭉게구름도 내게는 푸른 바다를 달리는 흰색 요트로만 보였다.

버스 터미널에서 만난 강아지 인형 _먹을 것이 없어 배고팠던 시절과 달리 이제는 꿈에 굶주리고 있는가?

나의 애마 장주호

비글호 그리고 장주호

다윈이 탔던 비글호는 영국 해군 소속의 선박으로 탐사와 측량이 주요 업무였다. '비글'이란 이름은 개의 품종에서 따온 것으로 만화 영화 속 스누피와 같은 종이다. 쳐진 엉덩이 모습이 비글호의 뒷부분인 고물선미과 닮아서 붙여진 이름이란다. 비글호는 길이 27미터, 무게 235톤으로 수

비글호 _아르헨티나의 끼예 항에서 수리중인 비글호

십 명의 선원이 탈 수 있었지만, 장주호는 길이 10미터, 무게 6톤 정도의 작은 배라서 3~5명의 탐사 대원만이 탈 수 있다. 비글호가 바람을 동력으로 이용하는 돛단배였기에 나도 바람의 힘으로 달리면서도 과학 탐사 장비를 부착하기 쉬운 돛단배요트를 구했다. 이 요트에 이산화탄소와 메탄가스를 측정하는 과학기기를 설치하고 엔진 없이 바람의 힘으로 항해한다면 배 주변이 오염되지 않아서 좋은 데이터를 얻을 수 있을 것이라 생각했다.

배의 이름은 우리나라의 해상왕 장보고 이름을 빌려 왔다. 그가 신라의 해상무역을 발전시킨 것처럼 미래에는 우리나라가 바다로 활발히 뻗어 나가 해양대국이 되었으면 하는 바람을 담았다. 그래서 장보고호가 망가져 새로 멕시코에서 구입한 배의 이름도 장보고주니어호장주호라고 지었다.

배의 이름은 선박을 등록하기 위해서도 필요하지만, 항해를 하다 보면 자주 불러야 하기 때문에 매우 중요하다.

미국 동부의 운하를 지날 때에는 통과하는 다리마다 무전으로 배 이름을 불러 주어야 하므로 가능한 한 알아듣기 쉽고 발음이 명료한 이름이 좋다. 장보고호는 등록된 철자가 'CHANGPOGO'인데 제대로 발음하는 외국인을 한 명도 보지 못해 'JANGBOGO'로 바꾸고 싶을 정도였다.

정박 중인 장주호의 뱃고물 _물과 맞닿은 흘수선의 곡선이 아름답다.

어떤 배가 좋을까요?

항해를 처음 시작할 때의 배는 연안을 따라가거나 육지에 상륙하기 편리한 배여야 했지만, 태평양을 건널 때는 오랫동안 연료와 식량을 보급받을 수 없으므로 짐을 많이 실을 수 있고 배의 중심 아래에 무거운 추가 놓여 있어 파도에 안정적인 단선체선mono hull 선체가 하나인 요트 형태의 장주호를 선택했다.

대양 횡단에 성공한 요트 크기를 조사한 자료에 따르면

항해자들은 35피트약 10.5미터 정도 크기의 배를 가장 선호했다. 장주호는 선체의 길이가 36피트약 11미터이고, 물속에 잠기는 부분도 깊어서 센 바람과 높은 파도를 견디기에 적합했으며 배에 적재짐을 실음할 수 있는 무게도 많은 편이었다. 비거 John Vigor 등이 2005년에 쓴 『항해하기 전에 알았으면 했던 것들 Things I wish I'd known before I started sailing』에 나온 대로 장주호로 30일간 3명이 항해하는 데 필요한 물건들의 무게를 계산해 보았다.

* 장주호 기준으로 항해에 적합한 선박의 적재량배수량

a. 음식 및 물(7kg/1인/1일) : 7kg×3인×30일 = 630kg

b. 의류 및 개인 장비(2kg/1인/1일) : 2kg×3인×30일 = 180kg

c. 선원 몸무게 : 70kg+70kg+100kg = 240kg

적재량 = 총무게(a+b+c)×7.5

= (630kg+80kg+240kg)×7.5 = 7875kg

3명의 대원이 30일간 항해를 할 경우에 필요로 하는 선박의 배수량적재량이 7875킬로그램이므로, 배수량이 8000킬로그램인 장주호로 오랫동안 항해해도 무리가 없을 것이다.

항해, 어떻게 해야 하지?

배를 운행할 때 필요한 것들

먼바다로 배를 몰고 나가려면 잡다한 지식을 많이 알고 있어야 한다. 특히 혼자서 항해하는 경우에는 배의 모든 장비와 선박에 대하여 완벽하게 알아야 한다. 폭풍우가 몰아치는 날씨에 항해하게 될 때에 대처하는 지식도 필수적이다. 이러한 교육을 받으려면 운전 학원을 다니는 것처럼 요트스쿨을 다녀야 한다.

미국의 요트스쿨 장기 항해 코스는 닻을 내리고 실제로 숙식을 하면서 체험하기 때문에 자신이 원양 항해에 적합한 성격인지 파악할 수 있는 기회가 된다. 요트스쿨의 강사들은 수십 년간 바다에서 살아온 사람들이라 그들이 체득한 지식들을 간접적으로나마 많이 접해 두면 좋다. 대부분의 강사는 항구 물품 공급자port supplier 자격을 갖고 있어서 보트용품 가게에서 장비를 살 때 할인이 되어 도움을 받을 수도 있다.

요트스쿨은 과정마다 차이는 있지만 교육이 자주 있지 않아서 반드시 예약을 해야만 한다. 특히 디젤엔진 과정은 적어도 한 달 전에 예약해야 한다. 간단한 과정은 교육비가 약 700~800달러 정도이며, 중급이나 고급 과정은 원양 항해용 선박으로 교육하기 때문에 자연스럽게 대양 항해에 대한 체험도 할 수 있다. 과정을 수료하면 자격증을 받는데 나중에 배를 빌릴 때에 필요하다. 미국세일링협회ASA 자격증은 약 100달러가량의 수수료를 추가하면 받을 수 있지만 특별한 의미가 없어서 대부분은 요트스쿨의 자격증으로 만족한다.

바람이 돛에 부딪히면 요트는 앞으로 나아가는 추진력이 생겨서 움직이지만, 바람이 없으면 디젤엔진으로 회전되는 프로펠러의 힘을 이용한다. 디젤엔진 교육은 항해 교육에 비해 횟수가 적지만 먼 거리 항해를 계획하는 사람이라면 반드시 알아야 하는 내용들을 교육해서 반드시 들어 두어야 한다. 실제로 고장난 엔진을 고치는 실습 위주의 교육이라서 매우 유용하다. 우리나라에는 아직 이런 교육 시설이 없어서 나는 자동차 수리 학원

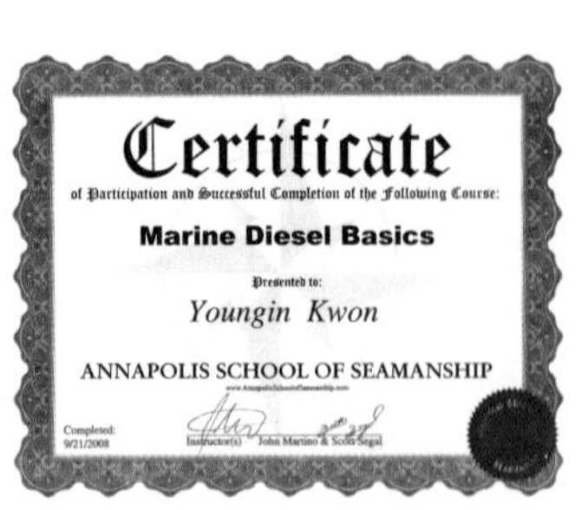
Certificate
of Participation and Successful Completion of the Following Course:
Marine Diesel Basics
Presented to:
Youngin Kwon
ANNAPOLIS SCHOOL OF SEAMANSHIP
Completed: 9/21/2008
Instructor(s) John Martino & Scott Segal

애나폴리스 선원학교의 디젤엔진 교육 수료증

에서 배워 보려고도 했지만, 실제로 선박에 사용하는 엔진과는 종류도 다르고 교육 기간도 길어서 엄두를 낼 수가 없었다.

디젤엔진 교육 장면 _실습 위주의 실전 교육으로 먼바다 항해를 앞둔 사람들에게는 필수 코스이다.

교육 내용 중에는 실제로 엔진에 고장을 일으키는 현상을 진단하고 응급조치하는 것이 있다. 매우 실질적인 교육이라서 항해할 때에 많은 도움이 되었다. 해수 순환 펌프impeller 안의 고무 패킹을 교체하는 것도 실제 상황에서 자주 일어나는 일이라서 먼 거리를 항해할 때에는 꼭 알아 두어야 한다. 단순히 해수 순환 펌프의 고무 패킹을 교체하기 위해 여러 개의 나사를 풀어야 하는 일도 파도치는 바다 위에서는 결코 쉽지 않다.

먼바다를 항해하기 전에 바다에서 스스로의 안전을 지키기 위한 교육은 반드시 이수해야 한다. 기본적인 기초해양생존법, 소방교육 등을 선원 훈련 관련기관에서 약 일주일 정도 교육받을 수 있다. 교육 내용이 대형 선박 위주로 구성되어 있지만, 요트로 세계를 일주할 사람에게도 필요한 생존 관련 지식을 배울 수 있는 좋은 기회이다.

외국에서는 요트를 운전하기 위해 별도의 면허증이 필요하지 않지만, 우리나라는 소형 선박 조종 면허를 따야 한다. 우리나라 해안으로 들어오는 요트들은 면허 없이 운전하는 것이므로 엄밀하게 말하면 불법인 셈이다. 국내 해양스포츠의 발전을 위해서라도 우리나라도 외국과 유사한 행정 시스템으로 바뀌면 좋겠다.

태평양 한가운데에서도 인터넷이 될까?

바다에서 다른 배와 교신을 하거나 항구에 들어가면서 정박할 위치를 물어볼 때, 운하의 다리를 지날 때에 통제소와 연락하기 위해 꼭 필요한 것이 바로 무선통신 기술이다. 선박에 설치된 통신 장비를 사용하기 위해서도 무선사 자격증이 필요하지만, 인터넷이나 이메일 서비스를 운영하는 아마추어 무선국과 교신하기 위해서도 꼭 필요한 기술이다. 이들 무선국은 수천 마일 떨어져 있어도 통신이 되므로 태평양 한가운데서도 이메일을 이용할 수 있다. 다만 특수 모뎀을 사용해야 하고 속도가 느려서 주로 문자 정보 위주로 교환하게 된다.

미국에서는 아마추어 무선사 자격증인 햄HAM을 취득하는 것이 우리나라에 비해 쉬운 편이라 2주 정도만 공부하면 누구나 딸 수 있다. 객관식으로 출제되는 시험문제는 공개되어 있어서 자료를 다운받아 외우면 된다. 시험을 마치면 바로 채점해서 탈락하는 경우에는 재응시할 수 있게 해 주기 때문에 초등학생도 쉽게 합격할 수 있다. 합격하면 그 자리에서 바로 합격증을 나누어 준다. 선박에서 사용하는 단거리무전기VHF Very High Frequency나 장거리무전기SSB Single Side Band를 잘 운영하려면 이 자격증을 따서 경험을 많이 쌓아 두면 도움이 된다.

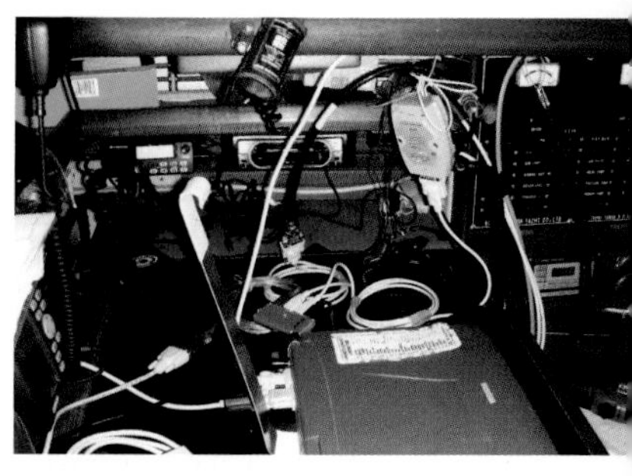

여러 센서와 측정 장비들과 연결된 노트북 _왼쪽으로 보이는 마이크와 마이크케이블에 연결된 것이 무전기이다.

나는 대학교 다닐 때에 우리나라에서 아마추어 무선통신 3급전화급 자격증을 따 놓아 문제없이 다룰 수 있었다. 내가 우리나라에서 받은 콜사인 HL3KGE에서 HL은 한국을 가리키며 숫자 3은 대전 지역을 뜻하고 뒤의 알파벳 3개는 개인의 이름이다. 미국에서 받은 콜사인은 KB3RQF인데 우리나라의 전화급에 해당된다. 미국에서는 시험 당일에 초급 자격증을 따고 나서 바로 상위 등급의 자격증에 응시할 수도 있다.

배 안에서 생활하기

부와 낭만의 상징인 요트 안에서 하루 종일 먹고 자고 배설하는 일상생활은 힘겨운 새우잡이 배에서의 일상과 크게 다를 것이 없다.

파도가 심할 때 화장실에 가면 오물이 튀어나와 바닥이 흥건하다. 일을 보려고 변기에 앉으면 물이 튀어 엉덩이를 적신다. 파도가 뱃전을 때릴 때면 엉덩이를 약간 들어 보지만 소용이 없다. 뒤처리도 한손으로는 난간을 잡고 균형을 유지하면서 처리해야 해서 여간 곤혹스러운 일이 아니다. 그러니 화장실 가는 횟수는 자연히 줄어든다. 날씨가 나빠 먹는 양도 많지 않고, 밤 근무 중에 소식이 오면 곤히 자는 대원을 깨우기가 미안해 참다 보면 변비는 점점 심해진다.

항해를 시작한 지 열흘쯤 되는 어느 날, 배가 너무 더부룩하여 일을 봐야겠다는 생각에 화장실을 찾았다. 3시간이 넘게 기운을 쓰는데도 영 해결이 안 된다. 너무 힘을 준 탓인지 숨이 턱에 차도록 격한 운동을 했을 때보다 더 힘이 들었다. 그야말로 미칠 지경이었다. 어쩔 수 없이 수술용 장갑을 끼고 직접 관장을 하듯 힘겹게 끄집어냈다. 처음 덩어리가 나왔을 때의 그 통쾌함이란……. 시원함도 잠시, 너무 힘을 쓴 탓인지 몸살 기운이 느껴졌다. '도대체 왜 이런 고생을 사서 하는 것인지……' 하는 푸념이 절로 흘러나왔다.

아마 물이 귀해 자주 마시지 못한 것도 한몫했을 것이다. 평소 하찮게 생각했던 배설이 얼마나 중요한지를 깨닫는 계기가 되었다. 그래서 귀찮아도 규칙적으로 화장실을 가고 만약을 대비해 변비 방지용 약제나 관장약을 준비한다. 여담으로 배에서는 남자도 앉아서 소변을 봐야 한다. 아니면 안전지지대를 꼭 잡아야 하는데 놓치기도 하고 다른 일을 하다가 다치는 경우가 종종 있기 때문이다.

잠자리를 선택할 때는 드나들기 편하고 냄새가 나지 않으며 환기가 잘 되고 배에서 가장 낮아 요동이 적은 곳이 최고이다. 장보고호는 쌍동선Catamaran 선체 2개를 연결한 요트이라서 요동이 적고 선미에 침실이 2개나 있어서 어려움이 없었다. 화장실도 떨어져 있어서 잠자리 환경이 쾌적했다. 그러나 장주호는 인원은 1명 늘어 3명인데 공간이 줄었을 뿐

물을 아끼는 배에서의 샤워

잡은 물고기는 말려서 먹기도 한다.

장주호 갑판에 떨어진 날치

파릇파릇은 신문지에 싸서 갑판에 보관하면 오랫동안 신선하게 먹을 수 있다.

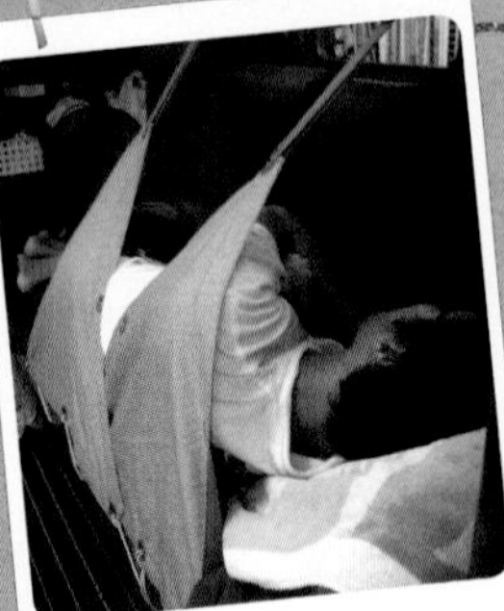

파도가 심해도 떨어지지 않도록 보조 그물을 달아 맨 소파 위의 잠자리

반찬과 밥을 한 그릇에 담아 들고 식사한다.

갑판 모퉁이에 걸어 놓은 수저와 젓가락

만 아니라 침실도 1개라서 두 사람은 배 중앙의 소파나 바닥에서 잠을 자야 했다. 선미에도 침실은 있는데 짐이 들어가 있기도 하지만 배터리에서 발생하는 유독 가스 때문에 잠을 잘 수가 없다. 배 중앙의 소파와 바닥은 화장실 바로 옆이라서 악취도 심하고, 파도가 심하거나 비가 오면 물이 스며들어 바닥이 흥건하다. 방수복을 입고 2~3시간 자다가 교대하러 갑판으로 올라가면 눅눅한 물기 때문에 한여름에도 덜덜 떨린다.

배 안에는 항해를 위한 수많은 물건들이 구석구석에 쌓여 있다. 이들을 적절하게 활용하기 위해서 목록은 필수이고 용도별 정리 또한 반드시 필요하다. 배의 균형을 위해 무거운 것은 가급적 배의 중앙에 놓아 두는 것이 중요하다.

쌍동선인 장보고호는 양쪽 선체에 실은 짐의 무게가 비슷해야 옆으로 기울어지지 않고 항해할 수 있다. 단선체선인 장주호는 선체 좌우의 무게중심이 맞지 않으면 배가 한쪽으로 기울어진다. 그래서 가장 무거운 엔진 부속, 예비 발전기나 스크루, 철제 공구 같은 스페어 장비나 생수 상자를 중앙에 두고 식료품 상자와 공구 등으로 좌우의 균형을 맞추었다.

배에서 전기 만들기

요트를 타고 먼바다로 나갈 때에 반드시 챙겨 가야 하는 것이 바로 전기이다. 항해하면서 위치를 확인하기 위해 위성항법장치 GPS global positioning system 지구 주위에 떠 있는 인공위성들로부터 받은 전파 신호의 시간차를 이용해 배의 위치를 지도에 표시하는 장비를 사용하거나 레이더로 장애물을 탐지하고 무전기를 사용할 때뿐만 아니라 탐사 장비를 사용하는 데도 많은 양의 전기가 필요하기 때문이다. 그래서 배에는 전기를 만들기 위한 풍력발전기, 태양전지판, 엔진발전기의 3종류 발전 장비가 모두 갖추어져 있다.

풍력발전기는 바람으로 날개를 회전시켜서 전기를 얻는다. 바람이 센 바다에서는 전기를 많이 만들 수 있지만 바람이 셀수록 소리가 커져서 소음이 아주 심하다. 또한 폭풍우 속에서는 바람개비가 회전속도를 이겨 내지 못해 진동이 생기기도 한다. 이럴 때면 쇠가 찢어지는 듯한 굉음을 내는 바람개비에, 파도와 바람소리 그리고 풍력발전기 소음까지 겹쳐서 그야말로 지옥이 따로 없다. 장보고호와 장주호는 쇠파이프로 고정시켰던 풍력발전기가 모두 쓰러졌다. 폭풍우 속에서는 발전기가 쓰러져도 로프로 묶어 두고 항해를 계속할 수밖에 없다. 풍력발전기는 지나치다 싶을 만큼 단단히 고정해도 안전하지 않으므로 늘 신경을 써야 한다. 넓은 바다에서 바람의 힘은 우리가 상상하는 것 이상일 때가 많다. 풍력발전기보다 물속에 넣어 끌고 다니는 수중발전기가 더 쓸모가 있다는 사람도 있지만, 멈추어 있을 때는 전기를 생산하지 못하고 항해를 시작한 후에 설치했다가 항구에 들어오면 해체해야 하는 불편함이 있다.

태양전지판은 장거리 항해에서 없어서는 안 되는 필수 장비이다21쪽 사진 참조 _왼쪽에 보이는 회색 판이 태양전지판. 긴 항해를 하는 배치고 태양전지판이 없는 배를 본 적이 거의 없다. 태양전지판의 수명이 약 20년 정도라고 하니 2년 정도가 수명인 풍력발전기에 비해서 견디는 내구성도 좋다. 태양전지판은 컨트롤박스를 거쳐서 배터리로 충전되므로 항상 컨트롤박스에서 충전 상태를 확인해야 한다. 흐린 날에는 충전이 제대로 되지 않으므로 엔진발전기를 가동할 시점을 결정해야 한다. 태양과 태양전지판 사이의 각도에 따라 발전량에 차이가 생기므로 각도를 조절할 수 있는 레버를 설치하면 더 좋다. 일부 선박에서는 태양전지판을 햇볕 차단막bimini처럼 활용하여 그늘을 만들기도 한다.

장주호의 디젤엔진 _붉은색 원반이 발전기이며, 엔진에 연결된 검은색 벨트에 의해 회전하면서 전기를 생산한다.

선내의 디젤엔진을 이용하는 교류발전기는 발전량이 가장 클 뿐만 아니라 엔진을 사용하는 동안은 계속해서 전기가 공급되므로 배터리의 저장량이 적어지면 엔진을 공회전시켜서 전기를 보충하기도 한다. 엔진과 발전기는 고무벨트로 연결되어 있으므로 엔진을 가동시켰는데도 배터리의 잔량이 적으면 고무벨트가 늘어났는지 확인하고 조여 준다.

발전된 전기는 배터리에 저장하는데 선박용 배터리는 전극 금속의 두께가 굵어서 많은 양의 전기를 저장할 수 있다. 우리 탐사 팀은 가격이 싼 습식 배터리를 하와이까지 사용했고 그 후에는 비싼 젤 배터리로 바꾸었다. 습식 배터리를 사용할 때에는 2주에 한 번 정도 증류수를 보충해야 하는데, 좁은 공간에서 비중을 측정하고 증류수를 보충하는 일이 꽤 힘들었다. 배터리의 모든 선을 분리해서 하나씩 일일이 확인해야 하므로 만만치 않은 작업이다. 배터리에서는 유독한 가스가 새어나와 항상 머리가 아프고 속이 메슥거린다. 이에 비해 젤 배터리는 유지, 보수할 필요가 없어서 편하고, 냄새도 나지 않아 선실 공기가 훨씬 신선하다. 배터리는 전기를 사용한 후에도 전압에 큰 변화가 없어야 하는데 조금만 사용해도 전압에 변화가 생기면 배터리 상태가 안 좋은 것이다. 이를 확인할 수 있는 모니터도 함께 설치해야 한다. 긴 항해를 하다 보면 많은 일이 벌어지는데, 최악의 경우 배가 뒤집어져도 전기 시설에는 문제가 생기지 않도록 배터리는 항상 제자리를 지킬 수 있게 고정시켜야 한다. 특히 습식 배터리는 뚜껑 부분으로 용액이 흘러나올 수 있으므로 항해하기 전에 테이프로 단단히 막아두는 것이 좋다.

무엇에 쓰는 물건일까?

2009년 7월 멕시코에 도착해서는 항해하는 데 필요한 장비를 비롯해 통신, 탐사 장비를 구입하고 설치하는 일을 했다. 경비를 줄이기 위해 가능한 한 중고 부품들을 사들였다. 장주호는 조타 장치가 부서졌을 경우에 대비하여 연안을 항해하는 배에는 설치하지 않는 예비 조타 장치까지 설치했다. 바닥에 고인 물을 퍼 올리는 펌프도 2대를 추가로 구입했고 연구 장비에 필요한 전력을 공급할 수 있도록 디젤엔진발전기, 태양전지판, 풍력발전기, 배터리 등도 설치했다. 조타실에는 바람과 파도를 막을 수 있는 격막도 갖추었다. 재정비한 장주호의 주요 장비는 항해, 조난 대비, 통신, 연구, 기타의 5종류로 구분된다.

항해 장비

골프공 크기의 동그란 납덩어리

모니터로 보여 주는 컬러 수심도 등은 화려하기는 하지만, 전자 부품으로 된 수심계나 속도계는 항해 중에 고장나기가 쉽다. 또한 수심이 낮아 배의 바닥이 뻘이나 산호에 닿기 직전에는 수심을 측정하지 못할 뿐만 아니라 수심이 깊다고 잘못 판단하기도 한다. 수심계 센서는 배 바닥에 설치되어 있어서 따개비 같은 해양생물이 붙어 서식하면 기능이 떨어지거나 망가지기 일쑤이다.

그래서 선택한 것이 아날로그 타입의 납덩어리이다. 고장 날 염려가 없을 뿐만 아니라 정확하다. 앞선 항해에서 산호초 지역을 지날 때 수심계가 잘못 작동하여 톡톡히 혼난 적이 있었기 때문이다. 아이 주먹만 한 공 모양의 납덩어리를 낚싯줄에 묶어서 수심을 측정한다. 로프는 부력 때문에 측정하기 어려워 가는 낚싯줄을 이용한다.

배의 브레이크

항구처럼 고정된 자리에 배를 묶어 두지 않고, 외딴 섬이나 해안에 세울 때에는 배가 흘러가지 않도록 갈고리 모양의 무거운 쇠인 닻을 바다에 내려서 고정시켜야 한다. 닻줄용 밧줄은 주변에 바위나 산호 같은 것이 있으면 끊어질 염려가 있어서 주로 쇠사슬을 사용한다. 체인으로 된 오래된 닻줄은 녹이 슬어서 한 덩어리로 엉겨 붙기도 한다. 이런 닻줄을 풀려면 연결부의 쇠고리를 망치로 두드리면 녹이 떨어져 나가면서 풀린다. 닻줄의 끝부분은 회전고리로 닻과 연결하여 꼬이는 것을 막는다. 닻줄로 나이론 로프를 사용하기도 하는데 바닷속 산호나 바위에 걸리면 끊어질 수 있어서 카리브 해나 갈라파고스로 항해하는 배들은 대부분 쇠사슬로 된 닻줄을 쓴다. 뻘

장주호 앞에 달려 있는 2개의 닻과 접는 딩기

이나 모래에 정박한다면 나이론 로프로 된 닻줄을 써도 된다. 닻줄의 굵기는 끌어올리는 윈치의 홈에 맞추어 사용한다. 배 앞머리에 설치된 윈치의 홈 크기와 체인의 홈 크기가 정확하게 맞지 않으면 큰 하중이 실릴 때 닻줄이 미끄러질 수도 있다. 닻은 배에서 마지막 비상 브레이크라고 볼 수 있다. 엔진이나 돛이 작동하지 않을 때에 배를 세울 수 있는 유일한 수단이기 때문에 닻은 여러 개 준비하는 것이 좋다.

장주호는 닻을 3개 준비했다. 2개는 무겁고 강력한 닻으로 선수에 설치하고, 그보다 작고 가벼운 닻 하나는 선미에 두었다. 배의 선미를 부두에 대는 나이티 무어링처럼 상황에 따라서는 선미에서 닻을 고정해야 하는 경우도 있기 때문이다. 닻줄의 길이는 최소 60미터는 되어야 한다. 장주호의 닻줄용 체인은 새우잡이 배들이 들어오는 항구에서 새 것의 절반 가격인 2600페소약 25만 원에 구입했다.

빗물을 받을 때 필요한 구멍 난 담요

항해를 하는 데 가장 큰 제약은 식수이다. 한 사람당 하루에 1갈론약 3.8리터으로 계산하는데 장주호의 물탱크 용량이 120갈론이므로 3명의 대원이 최대 40일간 사용할 수 있는 양이다. 하루 종일 밥도 하고 국도 끓이고 커피도 마시고 음료수로 사용하기도 하므로 날씨가 더워지면 2갈론까지도 쓴다. 만일에 대비하여 담수 제조기를 구입하려고 알아보았더니 수천 달러로 너무 비싸서 엄두를 낼 수 없었다. 중고 제품도 약 1000달러로 만만하지 않았다. 또한 담수 제조기는 사용하려면 전기도 필요하고 설치하는 데 비용도 적지 않게 들어간다.

가능한 한 설거지 같은 허드렛물은 바닷물을 사용하고 빗물을 받아 식수로 쓰는 것이 더 효율적이라는 사람들의 조언을 받아들여 담수 제조기 대신 빗물받이를 만들었다. 천막 천으로 만든 빗물 채수기는 사각형 천의 가장자리 4곳에 로프를 묶어서 넓게 펼친 후 가운데가 쳐지도록 만들어 가장 낮은 곳에 구멍을 뚫어 밸브를 달고 그 밑에 물통을 놓아 빗물을 받는다.

비상시를 대비하여 구입한 휴대용 담수 제조기는 손으로 핸들을 움직여 바닷물을 빨아들여 역삼투압의 원리로 소금기를 제거하는 방식이다. 항해 도중에 비상 조난 훈련을 겸해서 사용해 보니 30분에 맹물담수 한 컵 정도를 만들 수 있었다. 실제로 사용하기보다는 만일의 사태에 대비한다는 심리적 안정을 얻기 위한 장비임에 틀림없다. 한 컵의 식수를 만들기는 힘들지만 극한 상황에서도 식수를 구할 수 있다는 생각에 마음이 든든하다.

싱크대 아래의 발 펌프

주방의 싱크대 아래에는 발 펌프가 2개 있다. 누르면 하나는 물이 나오고 또 다른 하나에서는 바닷물이 나온다. 물 탱크에서 식수나 바닷물을 퍼 올리는 데 사용하는 것인데 발로 펌프질을 해서 물을 퍼 올려서 발 펌프라고 한다. 전동 펌프를 사용해도 되지만 배터리의 전력을 아끼기 위해서 항해 중에는 발 펌프를 주로 사용한다.

싱크대 아래의 발 펌프 _지 선장의 오른손 아래 흰색 플라스틱이 발 펌프이고 오른쪽으로 보이는 관이 담수와 해수 파이프이다.

간혹 전동 펌프를 쓸 때 물을 사용하지 않는데 모터가 돌아가면 어느 곳에서인가 공기가 전동 펌프 라인으로 유입되는 것이다. 그러면 압력 센서가 오작동을 일으켜 물 펌프가 모터를 계속 돌리게 되므로 배터리가 빨리 닳아 탐사 장비를 사용하는데 지장을 준다. 장주호의 발 펌프는 사용한 지 오래되어 물이 새서 자동 펌프가 계속 돌아가 전기를 많이 쓰고 모터에 열도 났다. 발 펌프 중에 담수가 나오는 펌프를 여러 번 분해 조립했는데도 계속해서 물이 새서 결국 교체했다.

두루마리 마분지 해도

장주호 천장에는 햇볕이 드는 창문 아래에 모기장이 걸려 있다. 모기장 위에는 한 번도 펴 보지 않은 두루마리 마분지들이 여럿 굴러다닌다. 이른바 종이 해도이다. GPS플로터는 방수도 되어 있고 튼튼하지만, 바닷물에 잠기거나 바다에 오래 있다 보면 고장이 날 수도 있다. 그러나 종이 해도는 절대 고장이 나지 않으므로 낯선 곳을 항해할 때는 반드시 준비해야 한다. 위도와 경도 값을 확인할 수 있는 육분의나 간이 GPS를 갖고 있으면 전자 해도 없이도 쉽게 항해하는 현재의 위치를 확인할 수 있다. 장주호에는 3개의 간이 GPS와 1개의 육분의를 준비했는데 이중 2개의 GPS가 항해 중에 고장이 났다.

선반에서 나는 소리 '삐리릭삐리릭 찌익찌익'

경험이 많은 뱃사람들과 이야기해 보면 모두 항해에 있어서 날씨가 가장 중요하다고 입을 모은다. 항해하는 데 날씨가 얼마나 중요한지는 다음 일기를 보면 알 수 있다.

'한밤중에 배가 부서지는 소리에 잠이 깼다. 배의 요동이 허도 심해서 뒤집어질 것만 같다. 마음속으로 '살려 달라'는 기도를 수도 없이 되뇐다. 다음에는 절대 이런 날씨에 항해하지 말아야겠다고 굳게 다짐한다.'

미국 동부 해안과 카리브 해를 항해하는 동안에는 기상청에 근무하는 유희동 박사와 위성전화 연락이 가능하여 날씨 정보를 미리 얻을 수 있었다. 그런데 멕시코에서부터는 경비가 부족하여 위성전화 대신 기상 팩스를 장거리무전기로 수신했다. 기상 팩스를 받으려면 무전기에 모뎀PACTOR을 연결하여 각국에서 제공하는 단파신호를 수신해야 한다. 이 신호는 정해진 시간에 알려진 해역에 대한 기상정보를 제공하므로 『전 세계 기상 팩스 주파수』라는 책을 확인해야 한다. 현재 항해하고 있는 지역의 기상정보가 송출되는 시간에 맞춰 무전기 주파수를 고정시켜 신호를 받은 다음 PC에서 그림으로 전환하면 된다. 신호를 받는

GPS, SSB무전기, VHF무전기, PACTOR 모뎀 등이 배열된 내비게이션 탁자

동안 무전기 스피커에서는 '삐리릭삐리릭, 찌익찌익' 하는 소리가 반복적으로 들려온다. 무선국과의 거리, 지형, 날씨에 따라 수신 감도는 차이가 심한데 감도가 안 좋은 날은 기상도를 해석하기 힘들 정도이다.

항해하면서 기상정보를 확인할 수 있는 인터넷사이트는 NOAA, www.grib.us, www.passageweather.com 등이다. 이들 사이트에서는 파도의 높이와 바람의 방향, 그리고 세기에 대한 정보를 얻을 수 있어서 요트로 항해하는 바다의 조건을 쉽게 확인할 수 있다. 전기 사용이 자유로운 항구에서는 이런 사이트를 이용하여 기상 정보를 확인하고, 항해 중에는 기상 팩스를 받기 위해서 SSB무전기를 통하여 들어온 신호를 기상 팩스용 역변조기와 PACTOR모뎀을 사용했다. 미국 인근 해역에서는 VHF무전기의 기상 채널을 통해서도 날씨 정보를 들을 수 있다. 자주 듣게 되는 용어는 '소형 선박 경보'와 '이안류해안을 따라 평행하게 흐르던 물살이 충돌하면서 바다 쪽으로 향하는 현상'인데, 소형 선박 경보의 기준은 6미터보다 작은 선박이고, 이안류 경보는 주로 미국 동부 해안가에서 강이나 운하가 해안선과 만나는 지점에서 발생한다. 우리나라 해운대에서도 이안류가 발생하여 사람들이 바다로 쓸려 나갔다는 뉴스가 보도된 적이 있다.

먼바다에서는 일기예보에 없었는데 생각했던 것보다 높은 파도와 강풍을 자주 만난다. 그중에 메가스웰mega swell이라는 너울이 있는데 이는 수십 미터의 높이로 몰려온다고 한다. 경험한 사람의 말에 의하면 항해 중에 이상한 느낌이 들어 돌아보니 거대한 물기둥이 다가오더란다. 키를 붙잡고 간신히 물기둥을 타고 올라 살아났다고 한다. 이렇게 거대한 자연 앞에서 인간은 자신의 목숨을 신의 손에 맡길 수밖에 없는 나약한 존재일 뿐이다.

바다 한가운데서 만나는 천둥과 번개는 대개 연속적으로 이어지는데, 바로 옆에서 울리는 착각이 들어 무섭다. 그렇다고 키를 놓을 수는 없으니 빨리 지나가기만을 기다린다. 이럴 때는 무전기 케이블을 안테나와 분리시켜 전기적 충격이 무전기에 피해를 주지 않도록 해야 한다.

조난 대비 장비

길고 동그란 오렌지색 가방

장주호 거실에는 길고 동그란 가방이 탁자 옆에 놓여 있다. 양 옆의 동그란 부분 중 한편에는 밧줄이 달려 있다. 이

가방은 구명 뗏목으로 비상시 배를 버리고 탈출할 때에 사용하는 것이다. 뗏목 안에는 비상식량, 물, 약품, 낚시용품, 수선도구, 닻, 노, 신호탄 등이 준비되어 있는데, 가방 옆의 밧줄을 배에 묶고 바다로 던지면 자동으로 부풀어서 고무 뗏목이 만들어진다. 뗏목에 오르면 배와 연결된 밧줄을 자르고 섬광 플래시를 터트려 자신의 위치를 알리는 것이다.

주방 벽에 걸린 노란색 위성 신호기

배에서 물건을 가장 쉽게 꺼낼 수 있는 위치가 주방 벽면이라서 이곳에는 비상 위치지시용 무선표지설비EPIRB Emergency Position Indicate Radio Beacon라는 위성 조난 신호 장치를 걸어 둔다. 배가 물에 잠기면 위성으로 배의 위치와 이름을 포함한 조난 신호를 자동으로 송신해 주는 장치이다. 제품을 구입하여 인터넷으로 배 이름과 사용자, 위급 상황에서 알릴 비상연락처를 등록해 두면 사고가 발생했을 때에 구조하러 오면서 비상연락처로 통보도 해 준다. 장주호에는 이전 주인이 사용하던 것과 새로 구입한 것 2대를 두었다. 장거리 선박용 무전기인 SSB에도 조난 신호 발생 장치가 있어서 EPIRB처럼 작동할 수 있다. VHF무전기도 GPS와 연결하여 EPIRB와 유사한 자동 송출 기능을 할 수 있지만 연안에서만 효과적이다.

이외에도 먼바다를 항해하는 배에는 담수 제조기, 비상 신호기, 생존 도구, 비상 무전기, 경적 등 조난 대비 장비가 아주 많다.

통신 장비

대부분의 배에서 보이는 수직 안테나와 마이크 _VHF무전기

VHF무전기는 근거리에서만 교신이 가능한 간편한 장비이면서 미국 인근해에서는 날씨 정보도 들을 수 있다. 다른 요트와 통신을 하거나 항구 사무실에 문의할 때, 운하에서 다리를 열어 달라고 요청할 때, 연안에서 조난 신호를 보낼 때에도 사용한다.

돛대에 걸린 빨랫줄 안테나와 낚싯배에서 볼 수 없는 무전기 _SSB무전기

SSB무전기의 안테나는 길이가 길어서 돛대에 걸려 있다. 육지와 멀리 떨어져 있을 때 사용하며, 기상 팩스 정보나 이메일을 주고받을 때도 사용한다. 단파높은 주파수를 이용하기 때문에 잡음이 많아서 주로 밤에 수신이 잘 된다. 전

력 소모량이 커서 배터리의 충전 용량이 충분할 때만 이용한다.

연구 장비

이번 항해에서는 바닷물에 녹아 있는 이산화탄소와 메탄의 양을 측정했다. 이산화탄소와 메탄이 지구온난화의 주범이므로 바다에서의 그 농도 변화를 확인하기 위해서이다. 특히 메탄은 이산화탄소보다 약 30배 이상 지구온난화에 영향을 끼치고 있음에도 아직까지 먼바다에서 단기간에 전체적으로 측정한 자료가 없어서 그 결과에 대한 궁금증이 크다.

이번 항해의 탐사 장비는 독일의 해양 장비회사인 프라나테크Franatech 사에서 용존 메탄 측정기와 이산화탄소 측정기를 무료로 제공해 주었다. 이 두 장비는 정밀도가 높고 독일 해양연구소인 게오마GEOMAR에서도 사용하는 장비들이다. 특히 이산화탄소 측정기는 게오마에 이어 두 번째로 장보고호와 장주호에 제공되는 제품이었다.

용존 메탄 측정기

바닷물에 녹아 있는 메탄의 양을 측정한다. 용존 메탄값

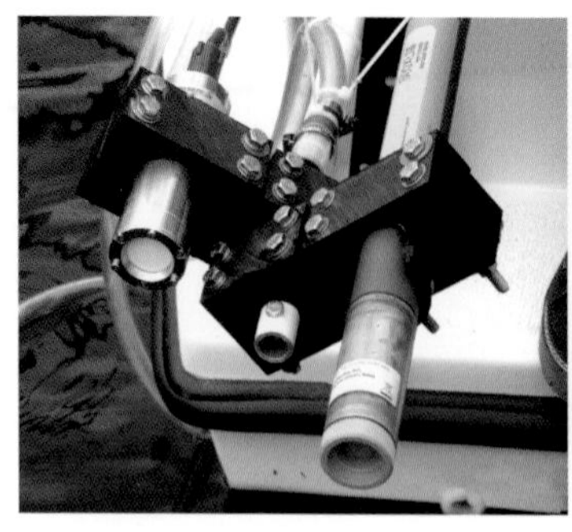
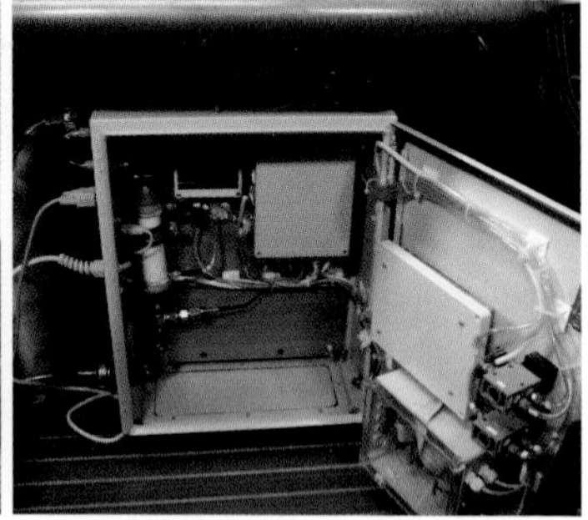

측정할 때에는 기기가 바닷물 속에 잠기는 메탄 및 수질 측정기(왼쪽)와 장주호에 고정된 이산화탄소 측정기의 내부 모습(오른쪽)

을 측정함으로써 석유 자원이 존재하는 해역이나 많이 오염된 지역 또는 유기물 공급이 많은 지역 등을 확인할 수 있다.

대기 · 해수의 이산화탄소 측정기

바닷물에 녹아 있거나 대기 중에 분포하는 이산화탄소의 양을 단기간에 전 지구적으로 측정함으로써 지구온난화와 이산화탄소의 지중地中 저장 연구를 위한 자료를 제공하는 장비이다.

수질 측정기

바닷물 속의 용존산소, pH, 염도, 전도도, 온도 등을 측정함으로써 바닷물의 화학적 특성을 알 수 있다.

퇴적물 분석을 위한 수동 코어 채취기

얕은 바다나 해안에서 퇴적물을 수직으로 채취하여 퇴적물의 입도, 색상, 퇴적 구조, 유기물 등을 관찰하는 데 이용한다.

컨트롤 PC

각종 측정 장비들을 조정하고 이들로부터 얻은 자료들을 저장한다.

기타 장비

스킨 스쿠버 장비

배의 바닥에 붙은 따개비를 떼어 내거나 프로펠러에 걸린 로프 등을 제거하기 위해서 스쿠버 장비는 반드시 필요하다. 나는 시력이 좋지 않아 물안경에도 도수 있는 렌즈를 부착했다. 이렇게 하려면 안과 처방전이 있어야 하는데, 국내 안경점에서는 시력을 무료로 측정해 주므로 국내에서 데이터를 측정해 가져가는 것이 경제적이고 시간도 절약할 수 있다.

삼지창과 낚싯바늘

작살이나 낚시 도구는 장기 항해에서 신선한 단백질을

페트병에 감아 놓은 낚싯줄과 라면봉지로 만든 가짜 미끼

보충할 수 있는 좋은 수단이 되므로 반드시 준비해 간다. 낚시 도구는 낚싯줄과 바늘, 미끼만 준비하면 된다.

시속 10킬로미터 이상으로 달리는 배에 낚싯줄을 달아 끌고 가면 물고기가 쉽게 걸리기 때문에 비싼 낚싯대를 준비할 필요도 없다. 미끼는 라면봉지를 가위로 잘게 잘라서 제기처럼 만들어 사용해도 된다. 장보고호 때는 공기총 타입의 작살을 준비했었는데 사용하기도 불편하고 위험해서 장주호 때는 작고 쓰기 편리한 고무줄 작살을 사용했다.

딩기작은 보트

큰 배가 물 위에 정박한 상태에서 항구를 오가거나 선박을 관리할 때 사용하는 작은 고무플라스틱 보트 혹은 카약 등을 가리킨다. 장보고호에서는 접이식 카약을, 장주호에는 접이식 보트를 딩기로 이용했다. 딩기를 배에 달아 놓으면 항해할 때 바람에 날려 배에 부딪히기도 하고 날씨가 나쁠 때에는 항해에 지장을 주기도 해서 가능한 한 접어서 보관한다. 대부분의 딩기는 수 마력의 선외기가 있어 휘발유를 연료로 사용한다.

장주호 딩기의 엔진은 오래되어 시동이 잘 안 걸렸다. 오랫동안 쓰지 않아 막혀 있던 연료 라인을 손질하여 연결하니 시동이 걸렸다. 하지만 오래되어 소음이 크고 한 번에 시동이 걸리지 않아 여러 번 고생을 해야 했다. 시동용 끈은 순간적으로 힘껏 잡아당겨야 하는데, 반드시 스크루를 물속에 넣은 상태에서 해야 안전하다.

원뿔형 나뭇조각

배에는 바닷물을 끌어들여 엔진을 냉각시키거나, 설거지 하고 난 물이나 화장실 오물 등을 내보내는 구멍이 여러 개 있다. 항해하지 않는 동안에는 이 구멍을 막아 두어야 하기 때문에 배에는 여러 개의 해수 마개가 있다. 그 옆에는 비상시 마개 역할을 할 수 있는 원뿔 모양의 나뭇조각이 하나씩 같이 놓여 있다. 해수 마개를 열고 닫는 레버는 오랜 기간 고정되어 있기 때문에 굳어 버릴 수 있어서 평소에 관리를 잘 해야 한다.

우리는 이 구멍으로 이산화탄소 분압 측정용 바닷물을 끌어올리거나 측정 후에 내버리는 통로로 사용했다. 항해 전에 이산화탄소 측정기를 설치하려고 부엌에 있는 해수 유입구 상태 확인을 겸해서 마개를 열었더니 조금 후에 냉장고에서 물이 흘러나왔다. 냉장고 안을 확인해 보니 사용하지 않을 때 생기는 물이 빠져야 하는 구멍으로 바닷물이 들어오고 있었다. 그런데 아무리 생각해도 그 이유를 알 수 없었다. 일단 해수 마개를 막아 바닷물이 들어오지 않도록 응급조치를 했다. 해수 마개를 통해 들어온 바닷물은 하나는 싱크대로 가고 다른 하나는 냉장고 아래로 들어가는데 장주호는 냉장고와 해수 마개 사이에 밸브가 하나 더 달려 있는 것으로 보아 냉장고 바닥에 고이는 물을 싱크대 발 펌프를 이용해 퍼내려고 전 주인이 고안해 낸 장치 같았다. 만약 항해 중에 이 해수 마개를 열었더라면 어떻게 되었을까? 요즘도 이유 없이 침몰하는 배가 종종 있다. 원뿔형 나뭇조각은 배의 침몰을 막을 수 있는 가장 싸고 효과적인 장비이다.

플라스틱 통에 붙은 USB케이블

바다에서는 소금기염분와 습도, 그리고 파도로 인한 진동 때문에 컴퓨터 하드디스크가 고장 나기 쉽다. 항해와 탐사를 통해 얻은 귀중한 컴퓨터 파일 자료를 이들로부터 보호하기 위해 플라스틱 통 안에 방습제와 스펀지를 깔고 외장 하드디스크를 고정시켰다. 플라스틱 통에 하드디스크를 넣

장주호에 실린 품목 목록

보트용품	풍향계, 레이더 반사판, 선외기 고정 벨트, 빌지 펌프, 여분의 돛, GPS(선위측정장치), 디젤연료 필터, 공기 유입구 마개, 물 외부 인입구, ZINC 세이버, 엔진 가스켓 고무, 소형 닻, 모토롤라 무전기×2, 연료 펌프(딩기), 나무 플러그, 차양 천막(소), 해양용 구명조끼, 밧줄, orange 구명조끼×2, 팽창식 펜더(방현재)×2, 펜더용 펌프×2, 헤드 랜턴 · LED 랜턴, 딩기 프로펠러, 번호자물쇠, 닻줄 고리, 앵커 로프, 로프×5, 미니 핸드펌프, 물탱크 뚜껑, 공기펌프(대), 기름 튜브, 딩기물품, 선외기 카뷰레터, 빌지펌프(대), 조립식 상자×2, 대형 밧줄, SAE 40 엔진오일×4, 선외기 오일, LPG 탱크, 소형 닻, 선외기 엔진, 선외기 연료통, 구명부이, 노, 사다리×2, 장대, 디젤 연료통, 딩기, 자동 스위치, 패널 스위치×2, 가스켓 실런트, 임펠러(Jabsco), 임펠러×3
항해용품	CD 해도, 진공 리프트(수동), 인장력 측정기, 엔진 분사노즐×4, 구형 납덩이×3, 굵은 밧줄, 인양기, 스피니커용 로프 · 셔클, 육분의, 셔클, 도르래, 열선 달린 칼(로프용), 와이어 고정용 U볼트, 윈치 레버, 지도, VHF용 마이크, 심라드 자동 항법 장치, 주니어 구명조끼×2, 보손 의자, 호스
통신용품	SWR 미터, 동축 케이블×2, 전화선×2, 안테나 어댑터, 건전지 충전기, 노트북, SSB트랜시버, IEEE 1394, USB, 와이파이 코드, 랜, 무선 랜, 랜 선, 컴퓨터용 CD, 아이포드, 노트북용 전원 어댑터(여행용), DDR 램 2GB · 램, 도시바 하드(고장), VHF, Horizon 램 마이크, 소형 VHF, 신호탄
전기용품	배터리 비중 측정기, 풍력발전기 날개×4, 시가잭 전구×3, 텔레비전, 흑색 튜브, 진공청소기 12V, 진공청소기 100V, 윈드베인 날개×2, 전기선, 작업 형광등 100V, 콘센트 익스텐션 100V, 시가잭용 스탠드, 시가잭용 서치라이트, 교류발전기(Delco), 전기정류기, 시동 모터, 발광 다이오드(1bag), DB9 케이블, 전선 고정용 덮개, 동축 케이블 커넥터, 2 pin 파워 커넥터, 악어클립, 12V 커넥터, 12V 콘센트 마개×2, 윈드베인 부속, 가는 전기선, 멀티콘센트 100V, 배터리 충전기(solar), Powermax, 열수축 테이프, safety pole 고정, 커피포트 100V, 스위치 부속, 태양전지 케이블, 태양전지판×2, shore 파워, 충전기, 미니 선풍기, 벨트(Napa)×3, 벨트(Gates), 벨트(Dayco)×2, 12V 플러그×2, 12V 악어클립, 도통 시험기, 전기단자 세트, 대 · 중 · 소 전기줄×3
공구	원형 전기톱, 바이스, 파이프 커터, 소형 쇠솔, 소형 ㄱ자, 대패, 크로우바(쇠지렛대), 탭, 그라인더, 가스식 전기인두, 압력 측정기, 압력기, 시계 드라이버, 주머니칼, 도통시험기, 집게가위, 대형 목제 바이스, 대형 클립, 사포, 소켓 세트, 나무톱, 쇠톱, 줄톱, 줄자(100ft), heat gun, 해수 마개용 스패너, 스테인리스강판, 나사 홈 만드는 도구, 끌 세트, 볼트 크기 측정기, 정글도, 버튼식 나사집게, 충전식 전기톱, 전기드릴, 드릴 비트 세트, 측량추, 드릴 고정용 바이스, 충전식 전기드릴, 테스터기, 충전식 전기드라이버, 드라이버 비트 세트, C자형 바이스×2, 미니

공구	수동 탭, 스테인리스 나이프, 스테인리스강 ㄱ자, 나무망치, 소형 쇠망치, 나사게이지, 양철가위×3, 광택용 그라인더, 대형 텐션렌치, 구두용 니퍼, 쇠솔, 고무망치, 구형 파이프렌치, 1.5" 고정 렌치, 목공톱, 드라이버×6, 바스켓, 쇠줄(막대, 원), 페인트용 커터
수리용품	동판, 구명밧줄용 그물, 세일 수선 세트, 페인트 롤러, 스프레이, 스프레이 접착제, 구리 세정제, 멀티코크×2, 아크릴라텍스, 에나멜, 나무용 코팅, 갑판용 페인트, 스테인리스강 파이프, 그라우트 믹서, 세일 수리 테이프, 갑판용 페인트, 연료 필터, 양력 펌프, Racor filter, O' rings, 엔진 바닥 깔개, 선외기 부속, zinc×2, 은박지(엔진용), 대형 케이블 끈, 세일 수선용 테이프, 차양(청색 비닐안) 스테인리스강 나사못, 모기장 프레임×4, 도어(3단 수직), 티크 나무조각, 고무패킹, 셔클용 아크릴 패킹, 스테인리스강 핀 · 고리, 경칩, 실, 구리 볼트 세정제, 왁스, 윤활유, 배관 부속, 전기선, 잠금 고리, 플라스틱 호스, 갑판 부속, 세일 조각, 도르래×11, 부유식 닻, 차양막, 스프링
비상용품	고글 · 귀마개, 방수천(빗물 저장), 휘슬×2, 신호탄 세트, 비상신호등×2, 이산화탄소 실린더, 서바이벌 키트, 틸러, 구명 뗏목, VHF배터리, 대형 와이어 커터, 알루미늄 포일, 주머니칼 · 로프용 칼, 수동 수도 펌프, 상승기, 자전거 튜브, 레버, 정수기 필터, 구급상자, 대형 턴버클(스테이용), 상처 소독약, 알코올, 손거울
의식주 용품	압력밥솥, 타월, 얼굴용 모기장, 옷 재단용 핀, 빨래집게, 그물망(빨래용), sag, 이글루(보온), 테이블보, 수건, 담요×2, 베개 커버, 이불 커버×2, 보트 우산×2, 천 조각, 베개, 옷, 가위, 바느질 실, 지퍼, 손재봉틀, 탄력끈, 플라스틱 고리, 일자끈, 장화×2, 물통, 물탱크용 게이지, LPG 탱크, 사각형 쿠션, 나무 쐐기, 플라스틱 바구니, 정수기, 청소용 막대솔, 플라스틱 천, 고무호스, 국방색 끈(원형 감개), 봉 고정 세트, 다크론 코드, 나이론 끈, 유리창 닦개, 청진기, 약상자, 대형 테이프, 실버 테이프, 비닐 끈, 해먹, 케이블 타이, 전기 테이프, 물통, 도마, 접시, 플라스틱 통, 수저 · 포크, 타이머, 대형 포크, 우산
소모품	검정 필름, 각목, 라이터 가스, 카본필터, 작업복, 걸레, 페인트 브러쉬, 고무장갑, 필기류, 테이프, 수은전지, 건전지, 방수 구두약, 아세톤, 형광펜, 청소기 부품, 샤프심 · 필기구, 건조 실리카, 광택제, 세척제, 그리스, 윤활유, 쓰레받기, 쓰레기봉투-검정, 수세미, 소금, 후추, 후라이팬×2, 냄비×2, 공기, 컵, 믹서, 접는 물통(5gal), 포도주, 행주 · 지퍼백, 알루미늄 포일, 비닐랩, 칼갈이, 라이터(가스렌지용), 칼×4, 건전지, 비누, 노끈 타래, 두루마리휴지, WD40, 액체 테이프, 고무파이프, 나사못 세트, 볼트너트 세트, 에폭시, PVC 접착제, 납땜용 실납, 커넥터 쓰레기봉투, 실리콘, 접착제
기타	낚시도구, 국기, 작살, 신호용 깃발 세트, 수술 세트, 낚시 갈고리, 녹음기, 청소용솔, 바퀴벌레약, 습기 제거제, 단파라디오, 접이식 카트, 비닐백 샤워기, UV스프레이, 호스 노즐, 구명밧줄 철사, 스쿠버장비, 읽을 책, 매뉴얼, 자 · 분도기, 봉투, 가방(그물, 면), 메모지, 사진 접착제, 아크릴 사진대, 냉장고 냉매

고 수동 손 펌프를 이용해 진공 상태로 만든 다음, 플라스틱 통 밖으로 USB케이블을 빼 놓아 진공 상태에서 PC 파일 자료를 저장했다. 진공 상태를 유지하기 위해 USB케이블이 들어가는 구멍을 접착제로 단단히 밀봉했다.

장주호의 룸메이트들

요트를 이용한 장기 항해에 적절한 인원은 3~5명이라고들 말한다. 효과적인 의사 결정과 편이 갈리는 것을 막기 위해서는 홀수의 인원이 좋다고 한다. 실제로 두 사람만 항해하게 되면 야간 교대 등 부담이 커진다. 4시간 교대를 해도 충분히 휴식을 취하기 힘들어 3명 이상은 되어야 이상적이다.

장주호도 출항을 준비할 때는 김현곤 선장이 참여하기로 해서 3명이었으나, 김 선장이 개인 사정으로 빠지면서 나와 강동균 대원뒤에 송동윤 대원으로 교체 둘만이 항해하게 되어 매우 힘들었다. 결국 멕시코에서부터는 지준명 선장과 권상수 대원이 합류했고, 하와이에서는 지 선장이 빠지면서 이호근 대원이 합류하여 갈라파고스, 하와이, 웨이크 섬까지는 3명의 인원이 함께해서 항해가 훨씬 수월했다.

대책 없는 낭만주의자

지준명 선장은 멕시코에서 합류해서 갈라파고스를 거쳐 하와이까지 약 5달 동안 생사고락을 함께했다. ROTC 17기로 학군단 선배이기는 하지만, 생면부지의 사람과 항해를 하기로 결정한 것은 출항 전에 꾸준히 연락을 하면서 이번 탐사에 많은 관심을 보여 주었고 동물학과 출신이라 갈라파고스 제도를 탐사할 때에 도움을 받을 수 있을 것이라 판단되었기 때문이다.

갈라파고스의 거북과 함께한 동물학자 지준명 선장

원래 잘 모르는 사람과는 항해를 같이 하지 않는 것이 상식이다. 위기 상황에서 통제에 문제가 생길 수 있고, 서로 다른 환경에서 살아왔으므로 좁은 공간에서는 쉽게 마음을 상할 수 있기 때문이다. 그래서 많이 망설이다가 어렵게 결정을 내렸는데, 지 선장의 해박한 지식과 요리 솜씨로 즐겁게 항해할 수 있었다.

이전에도 미국 서부 연안과 태평양을 횡단한 경험이 있는 지 선장이 '왜 다시 태평양을 횡단하려는 것일까' 궁금했다. 처음에는 '학군단 후배를 도와주기 위해서'라고 애매한 이유를 내세웠지만, 나중에 그 속내를 알아보니 갈라파고스에서 에콰도르산 럼주를 마시기 위한 낭만적인 이유가 숨어 있었다. 항해하면서 지 선장이 가장 즐겼던 것은 물고기를 잡아 회를 안주 삼아 에콰도르산 럼주를 마시는 일이었다. 회를 맛있게 먹으려면 냉장고에 잠시 넣어 두어야 하는데, 실험을 위해 배터리를 아끼려는 나와 간혹 신경전이 벌이지곤 했다. 항해가 길어지고 악천후가 이어지면 대부분의 사람은 식욕을 잃기 마련인데 악천후에도 사라지지 않는 지 선장의 왕성한 식욕은 힘든 항해 생활의 큰 활력소가 되었다.

갈라파고스의 꿈을 찾아가는 자유인

거구의 덩치에 어울리지 않게 여성적인 섬세함을 겸비한 권상수 대원은 항상 해맑은 표정으로 장주호의 분위기

해초를 머리에 쓰고 해맑게 웃고 있는 권상수 대원

를 밝게 만들었다. 지 선장의 추천으로 참여했는데 주변의 지인들은 친한 지 선장과 권 대원이 함께할 경우, 위급한 상황에서 나를 바다에 던져 버릴지도 모른다고 걱정하면서 적어도 1명은 아는 사람으로 바꾸는 것이 좋겠다고 충고를 했다. 지금이야 생사고락을 같이한 대원들에게 말도 안 되는 생각이지만 당시에는 심각하게 고민을 했다. 그래서 대학 동아리 후배를 부르려고 마음을 먹었는데 폭풍우 속에서 꼬박 하룻밤 동안 키를 잡고 버텨 살았다는 무용담을 듣고는 같이 하기로 마음먹었다. 명석한 두뇌와 자신감을 겸비한 탁월한 항해술이 믿음을 갖게 했다.

항해하는 동안 권 대원에게서는 차茶와 불교에 대해 배울 수 있었다. 불교대학을 나왔지만 한쪽으로 기울지 않고 편협하지 않은 종교관과 우주관을 갖고 있을 뿐만 아니라 성서에 대한 해박한 지식으로 항해하는 동안 여러 차례 종교적인 토론을 벌였다. 결국 하와이에 도착해서는 원불교

교전과 영어 성경을 구입하게 되었다. 창세기 제1장 제1절, '태초에 하나님이 천지를 창조하시니라'에 대해 별이 쏟아지는 밤, 끝이 안 보이는 망망대해를 바라보며 진솔하게 이야기를 나눈 친구가 바로 거북이란 별명의 자유인 권 대원이다. 아직도 총각인 40대의 권 대원은 2대 독자라는 무거운 짐을 지고도 바람처럼 자유롭게 살고 있다.

죽음도 두려워하지 않는 예술가

마지막으로 합류한 이호근 대원은 나와 같은 대학의 음대를 졸업한 작곡가로, 천재적인 재능과 연예인으로서의 기질을 고루 갖춘 만능 엔터테이너이자 요리 전문가이다. 방송국의 음악 담당프로듀서와 뮤지컬 작곡 등이 전공이지만, 생활을 위해 운영하던 당구장을 팔아 치우고 이번 항해에 동참했다. 스스로의 참여 동기는 예술가로서의 '기질'이 부족해서라지만, 이미 몸에 배어 있는 그의 예술가적 기질은 만나 보면 누구나 쉽게 느낄 수 있다.

처음부터 같이 항해하기로 약속했었지만 예비 대원으로 생각해 근 1년을 기다리게 했다. 지나고 보니 이 대원과 같이 항해하지 않았더라면 큰 손실이었을 것이란 생각이 든

낚시를 시도한 지 며칠 만에 마히마히를 잡아올리고 즐거워하고 있는 이호근 대원(왼쪽)과 그가 작곡한 『갈라파고스의 꿈』 중에서 「바다에 나를 비추다」란 테마 악보(오른쪽)

다. 그가 항해하면서 작곡한 『갈라파고스의 꿈』 중에서 「바다에 나를 비추다」라는 곡은 거울같이 잔잔한 태평양 위에서 요트를 타고 가는 느낌을 너무나 잘 전달해 준다.

작은 체구에서 뿜어 나오는 그의 기백은 실로 죽음 앞에서도 용감했다. 웨이크 섬 부근에서 칠흑 같은 밤에 흰색 포말을 말아 올리며 솟구치는 성난 파도에 배가 난파된 와중에도 '형 불러 줘서 고마웠어요. 후회 없어요' 라고 말할 정도로 배포가 컸다. 진정한 신앙인이자 희대의 똘끼를 지닌 작곡가이다. 그를 떠올리면 '지루하게 사느니 죽는 게 낫다' 는 그의 신조와 함께 배 구석에서 우쿨렐레 작은 키타 모양의 하와이 전통 악기를 켜던 모습이 생각난다.

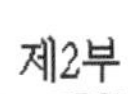

제2부

파도를 타고, 바람을 쫓아

뜨거웠던 멕시코의 마사뜰란 마리나

계획에도 없던 멕시코에 가게 된 것은 중남미에서 가장 싼 배가 있기 때문이었다. 처음 출항할 때 타고 왔던 장보고호는 미국 동부 해안에서 돛대가 부러졌으며, 카리브 해에서 심한 폭풍우를 만나 선체 앞에 균열이 생겨서 배에 물이 차고, 풍력발전기 기둥이 부러지면서 선체가 부서져 부득이하게 배를 팔 수밖에 없었다. 갈라파고스와 태평양을 건너갈 배는 원래 에콰도르에서 구입하려고 했는데 배의 가격도 가격이지만 세금이 2배나 붙어서 턱없이 비쌌다. 인터넷으로 검색을 하다 보니 멕시코에 신종인플루엔자신종플

마사뜰란의 시내버스 _한 번에 5페소약 500원 하는 차는 냉방장치가 없어 창문을 열고 달리며, 냉방차는 8페소이다.

찌는듯한 무더위 속에서 탐사 준비를 하고있는 광경

김치를 만들려고 배추를 썰고있는 권상수 대원 _섭씨 40도를 넘나드는 마사뜰란에서는 이 정도면 정장 차림이다.

루가 유행하고 있어서 사람들이 가기를 꺼려 해서 중고 선박의 가격이 바닥이란다.

더구나 내가 사려고 하는 배의 주인은 탐험 도중 남미에서 죽었기 때문에 아무도 그 배를 사려고 하지 않았다. 캄캄한 밤바다를 항해하면서 죽은 전 주인의 영혼을 떠올리기가 싫었나 보다. 경제적으로 어려움을 겪고 있던 나로서는 배가 튼튼하다면 이것저것 가릴 처지가 아니었다.

2009년 7월 15일 수요일 흐림

과야낄Guayaquil에서 비행기를 타고 파나마로 가서 내리니 환승하기 편리한 공항 구조 덕분에 쉽게 환승 출구를 찾아서 멕시코시티로 가는 비행기를 탈 수 있었다. 신종플루 때문에 마스크를 한 사람이 많았으며, 멕시코시티 공항에서는 특별 설문지가 추가되고 열적외선 카메라로 모든 승객을 촬영했다.

밤 12시에 멕시코시티에 도착해서 다음날 오후 4시 마사뜰란행 비행기를 타야 하므로 어떻게 할까 망설이다가 공항 출입구 옆의 난간에 자리를 잡았다. 신종플루 때문에 찜찜하기는 하지만 침낭을 꺼내 펴고 작은 가방을 잃어버리지 않도록 베개 삼아 누웠다. 큰 가방은 몸에 꼭 붙여 놓고 잠을 청했다. 난간이 돌이라 차가워서 뒤척이다 보니 깊은 잠을 잘 수 없었다. 새벽 4시가 넘으니 경비원이 출근해서 더 이상 누워 있을 수도 없다. 몸 컨디션이 너무 안 좋아서 비타민 C를 사 먹고 큰 짐을 부친 뒤에 공항 안의 출국장으로 들어갔다. 비행기 탑승 시간까지 10시간 이상 남아 있어서 노트북으로 일기도 쓰고 『종의 기원』을 읽으며 시간을 보냈다.

마사뜰란으로 가는 비행기는 작고 손님이 몇 명 되지 않았다. 50대 후반으로 보이는 옆자리의 미국 아주머니는 컴퓨터프로그래머인데 1년 반 전부터 이곳에 살았다고 한다. 일은 집에서 온라인으로 처리하고 남은 시간은 바닷가에서 보낸다고 하니 가히 우리가 꿈 꾸는 직장의 표본이다.

공항에서 시내까지는 미국 아주머니와 나눠 내기로 하고 택시를 탔다. 인터넷으로 알아본 싼 호텔에 가 보니 성수기라고 800페소(약 8만 원)를 내라고 해서, 선박 브로커가 알려준 더 싼 호텔로 가니 인터넷 사용료만 하루에 10달러를 추가로 더 내라고 한다. 하는 수 없이 인터넷 카페를 찾아서 10페소(약 1000원)를 주고 하룻밤을 해결했다. 거리에는 여행객이 많아 보이는데 치안 사정은 별로 좋아 보이지 않는다.

9월 4일 금요일 맑음

배를 구하자마자 숙박비를 아끼기 위해 배로 짐을 옮겼다.

그러나 배 안은 정리가 안 되어 답답하기도 하고 약 40도나 되는 기온 때문에 음식이 바로 상해 버렸다. 당장 먹는 것이라서 급한 마음에 냉장고를 틀어 놓으니 태양전지로는 전력이 부족했다. 하는 수 없이 항구의 전봇대에 전선을 연결하여 충전해서 사용했는데, 잠깐만 작동해도 충전기가 뜨거워져 에러메시지가 뜨기 일쑤이다. 계속 전압을 보면서 스위치를 껐다 켰다를 반복하며 조금씩 충전을 하자니 번거롭고 불편했다.

9월 6일 일요일 맑음

더운 날씨에 하루 종일 배에 있으려니 더워 먹기 십상이다. 너무 더워서 머리가 멍하니 아무 일도 할 수가 없다. 팬티만 입고 있어도 땀이 흐른다. 새벽 2시에 비가 와서 해치배의 창문 겸 출입문를 닫으려 잠깐 일어났더니 잠이 깨 버렸다. 이럴 때는 종이에 바둑판을 그리고 배 안에서 구하기 쉬운 볼트와 너트로 바둑을 둔다. 맑은 날인데도 스콜 때문에 비가 오면서 바람이 세게 불어서 풍력발전기가 제대로 작동하는지 확인할 수 있었다. 소리가 너무 요란해서 회전축에 기름을 칠했다. 느지막하니 일어나 마리나 화장실에 가서 세수를 하고 와서 라면을 끓여 먹었다. 고기 구경한 지가 한 달도 넘었고 평소 먹는 것이 부실해서 걱정이 된다. 김치도 구할 수 없어 직접 담가 보았는데 너무 맛있다.

옆에 정박하고 있는 젊은 부부에게 에콰도르에서만 사용할 수 있어 이제 내게는 필요 없는 노트북용 모뎀을 주었더니 고마워하면서 답례로 저녁을 먹자고 한다. 나한테는 이제 필요 없는 물건이지만 그들이 사기에는 비싼 것이니 지나친 호의라 생각할 수도 있어서 초대에 응해 생맥주 집에서 타코를 먹었다. 50페소로 가격이 싸서 일주일에 한 번은 타코를 먹어 영양 보충을 해야겠다고 결심했다.

적도 근처를 항해하거나 항구에서 배를 수선하는 동안에는 한 번씩 무기력감이 찾아온다. 그럴 때면 손 끝 하나 움직이고 싶지 않다. 특히 혼자 있을 때 더 잘 찾아오는 이 증상은 새로운 목적지를 향해 출발하면 어느새 사라져 버린다. 미지의 세계에 대한 궁금증과 동경이 무거운 무기력감도 날려 버리는 것 같다.

현지 생활

멕시코 마사뜰란에서의 한여름은 더위와의 싸움이다. 섭씨 38도를 웃도는 기온 때문에 낮에는 대부분 일을 하지 못한다. 시내를 오가는 버스에 달린 선풍기는 더운 바람을 뿜어내고 몇 명 안 되는 승객들은 더위에 지쳐 늘어져 있다. 이곳의 택시는 지붕과 창이 없어서 불어오는 뜨거운 바람을 어찌 할 수가 없다. 그나마 저녁에 한바탕씩 내리는 소나기가 도시의 열기를 식혀 준다.

하수구 사정이 좋지 않아 간밤에 내린 소나기로 생긴 웅덩이에 벌레들이 몰려들고, 해질녘에 수풀가를 지나다 보면 천상 모기밥이 되고 만다. 일단 물리면 한 번에 수십 군데는 일도 아니다.

이곳에서도 핸드폰은 필수품이다. 우리나라에 비하면 전화기 모델은 구형이고 서비스 질도 형편없지만 불평하는 이 하나 없이 잘 사용하고 있다.

정육점에서는 쇠꼬리를 우리 돈으로 6000원 정도에 판다. 아마도 우리처럼 즐겨 먹지 않아서 싼 것 같다. 대형 슈퍼마켓에서 각종 야채와 과일을 팔지만, 재래시장이 가격도 싸고 재미도 있다. 잘 알아듣지는 못해도 스페인어로 말하는 노점상 할머니들의 정감 어린 시선이 인상적이다.

건강

이곳의 물이 깨끗하지 않아서인지 아니면 곰팡이 난 소스를 먹은 탓인지 하루 종일 설사를 한 적이 있다. 한번 시작된 설사가 아침까지 이어지자 남미를 여행하면서도 한번도 없던 일이라 염려가 되었다. 엎친 데 덮친 격으로 어깨 통증도 생겼다. 긴 항해를 앞두고 있어서 건강을 챙겨야 하므로 운동을 하면 좋아질까 싶어서 사설 테니스장을 알아보니 한 번 치는데 50페소약 6000원이고 라켓은 10페소를 추가해야 빌릴 수 있단다. 적지 않은 지출이지만 체력 단련에 투자한다고 생각하고 열심히 운동을 했다. 아픔을 참으며 운동하다 보니 통증이 가시는 것 같기도 하고, 긴 항해에 대비해 체력 훈련을 겸하는 것이라 힘들어도 참아야 했다. 아마도 어깨관절이 부분적으로 빠져서 신경을 누르는 것 같다. 일어나기가 힘들 정도로 허리도 아팠다. 배 안을 뒤져 보니 소염진통제가 있어서 먹고 하루 종일 쉬었다. 쇼핑 센터에 가서 복대를 사다가 허리에 둘렀다.

이런 몸으로 어떻게 태평양을 건널지 걱정이다. 혼자 있으면서 제대로 식사를 하지 않은 데다가 하루 종일 좁은 배 안에서 웅크리고 앉아 작업해서 상태가 더 악화되는 듯했다. 뒤에서 보면 등이 오른쪽으로 휘어져 있다고 대원들이 알려 주었다. 출항 전에 마사뜰란 앞바다에서 시험 항해를 하는데 멀미가 나고 머리가 심하게 아팠다. 거대한 태평양을 앞에 두고 건강이 이 모양이니 자꾸 자신감이 없어진다.

그럼에도 허리케인이 소멸되고 바람이 적당한 방향으로 불어 일정을 예정보다 앞당겨 11월 3일 출항하기로 결정했다. 출항 전까지 기력을 회복해야 하므로 허리 운동으로 108배를 시작했다. 하루하루 오로지 출항을 위한 몸만들기에 최선을 다한다.

멕시코 스타일

멕시코에서는 배를 수리할 때 수리비를 선불로 내야 한다. 돈을 지불하지 않으면 일을 시작하지 않는데 그렇다고 성실하게 일을 하지도 않는다. 장주호를 수리하던 인부들도 퇴근 시간만 되면 자신들이 가져온 공구와 배의 짐을 여기저기 늘어 놓은 채 집으로 가 버린다. 어떤 날은 혼자서 뒷정리하는 데만 반나절이 걸리기도 했다. 현지 사정을 잘

아는 외국인들은 가급적 멕시코 사람들에게 일을 맡기지 않는다고 한다. 일하기 전에 일의 내용을 자세히 확인시키고 계약서를 쓰더라도, 선불을 지급해야 일하는 시스템 때문에 돈을 주고 일을 부리는 사람이 사정해야 하는 상황이 종종 일어나기 때문이란다. 그래서 항구 근처에 거주하는 외국인들은 아예 멕시코 은행이나 가게 대신 미국 은행을 이용하고 부품 같은 것도 미국에서 주문해서 쓴다고 한다.

택시 시스템도 이해하기 힘들다. 택시 미터기가 있는데 출발 전에 가격을 흥정하고 타야 한다. 현지 사람들은 외국인보다 반 정도 싸게 이동하는 모습을 종종 보게 된다. 현지에서 몇 달 생활한 터라 어느 정도 지리를 알게 되었을 때의 경험이다. 전에 항구와 호텔의 이름이 같아서 잘못 갔던 적이 있어서 특별히 여러 번 항구를 강조하며 항구로 가자고 했는데 역시 호텔로 갔다. 운전자의 잘못임에도 뻔뻔하게 추가 요금을 요구하는 데는 정말 할 말을 잃었다.

우편 시스템은 그중에서도 최악이다. 푸에르토리코에서 각각 한국과 브라질로 보낸 탐사 장비를 다시 멕시코에서 받기 위해 마사뜰란에도 지점이 있는 UPS택배로 발송을 부탁했다. 얼마 후 한국에서 짐이 도착했고 UPS지점에서 관련 서류를 작성해서 제출하라며 4개의 서류를 보내왔다. 스페인어로 된 서류를 번역해 가며 겨우 작성해서 제출하니 출국 비행기나 선박의 표를 복사해서 보내란다. 요트라 표가 없다고 설명해 보았지만 막무가내였다. 탐사 장비 없이는 항해를 할 수 없으므로 하는 수 없이 취소 요금 150달러를 손해 보면서 비행기표를 구입해 택배회사로 보냈다. 그런데 며칠이 지나도 감감무소식이라 전화해 보았더니 이번에는 입국 비행기표를 보여 달란다. 사용한 비행기표는 갖고 있지 않으므로 여권에 찍힌 입국사증을 보면 멕시코시티 공항으로 들어온 것이 확인될 테니 대신하자고 했으나, 제출 서류 목록대로 받아야 한다며 거절했다. 항구 근처의 멕시코 사람에게 상황을 설명하고 해결책을 물으니 짐을 직접 들고 들어오는 것이 가장 편하다고 한다. 이곳 사람들은 제출 서류 목록에 있는 대로 행동하기 때문에 아무리 말을 해도 소용이 없단다. 결국 짐은 한국에서 멕시코로 들어오는 대원들이 가져왔다.

그런데 미국에서 오는 선박 부속품은 이보다 상황이 더욱 황당했다. 마사뜰란의 택배 직원이 주소지를 찾지 못해서 짐을 다시 본사로 보내 버리는 일이 벌어졌다. 전화번호가 적혀 있으니 전화하면 되는데 왜 못 찾았느냐고 항의했더니 번지수가 불규칙해서 찾을 수 없었다는 대답이다. 멕시코에서 이런 주소 시스템은 흔한 일일 뿐더러 전화를 하거나 동네 주민에게 물어보면 해결될 것을 못 찾겠다고 짐을 본사로 돌려보내는 택배회사가 세상에 어디 또 있단 말인가. 선박 부속은 꼭 받아야 하는 것이라 다시 보내라고 전화했더니, 창고에 도착한 지 근 한 달만에 가져온 택배회사 직원이 150달러를 더 내란다. 다시 본사로 갔다가 지점으로 돌아오는 데 든 비용이란다. 자신들이 찾지 못해 벌어진 일인데 그 비용을 잘못도 없는 수취인에게 부담시키는 무책임하고 무능한 시스템이 유지될 수 있다는 것이 도무지 이해가 되지 않았다.

크루저 네트 _무전으로 생활 정보를 교환하는 모임

외국의 항구에서 선박을 수리하거나 생활 정보를 얻는 일이 쉽지는 않지만, 꼭 필요한 일인 동시에 비용과 시간을 절약할 수 있는 수단이 된다. 대부분의 정박지에서는 요트족들 사이에 이런 시스템이 자발적으로 운영되고 있다. 주로 미국, 유럽, 호주 국적을 가진 요트족들이 운영하는 이런 네트워크는 항해 상황, 날씨, 물물교환, 기술 지도 요청, 창고 세일, 새로 도착한 선박 소개, 출항하는 선박 소개, 관광 목적의 카풀 정보 등이 소개된다. 배에 고장이 생겼을 때 이 네트워크에 질문을 올리면 전문가들이 해결 방법들을 올려 준다. 요트가 방문할 현지의 상황을 가장 빨리 알 수 있는 방법이기도 하다.

멕시코 마사뜰란에서는 아침 8시에 VHF무전기를 통해서 크루저 네트cruiser net가 운영되고 있다. 나도 이 네트워크를 통해 쓰지 않는 물건 몇 개를 팔았다. 당시 항구에 있으면서 이 네트워크에 참여하지 않는 항해자는 거의 없었다. 너무도 유용해서 매일 듣지 않으면 마치 9시뉴스를 보지 않은 기분이었다.

장거리무전기인 SSB를 통해서는 항해하는 사람들을 지원하는 자원봉사자들이 날씨 등 항해에 대한 정보를 제공하기도 한다. 인터넷에서도 항해에 도움이 되는 지식을 제공하는 눈사이트noonsite를 방문하면 항해에 필요한 입국 수속, 해적 출몰 지역, 해상 안전 등에 대한 정보를 얻을 수 있다. 나도 갈라파고스를 방문하기 전에 필요한 서류와 무풍지대에 대한 정보를 이 사이트에서 얻었다.

허리케인

항해를 하면서 가장 걱정했던 것은 허리케인이다. 처음 출항할 때도 미국 동부 해안의 허리케인 시즌이 끝나기를 기다려 출항했고, 멕시코 마사뜰란에서도 마찬가지이다.

그런데 허리케인 시즌이 지났는데도 바닷물 온도가 섭씨 26도 이상이라 출항 결정을 하면서도 시기를 늦추고 싶은 마음이 간절했다. 수온이 높으면 허리케인이 발생할 가능성이 높기 때문이다. 열대성 저기압이 발달하여 허리케인이 만들어지므로 파나마 부근 적도 근처에 열대성 저기압이 발달하는가를 주시하면서 출항했다.

허리케인이 다가오면 모든 배는 항구에 단단히 몸을 묶고 돛을 접은 후에 물건을 배 안으로 옮겨 놓는다. 장주호도 햇볕 차단막을 해체하고 보조 돛을 내린 뒤 윈드베인 배를 자동으로 조종하는 장비을 풀어서 배 안으로 옮겼다. 장주호를 묶어 둔 슬립 항구에 배를 대는 장소에는 배 두 척이 같이 있어서 심한 바람과 파도가 치면 서로 부딪칠 것 같아 옮겼다. 새로 옮긴 슬립은 허리케인에 대비하기 위해 배의 6군데에 밧줄을 묶을 수 있도록 슬립에 고리 장치가 있었다. 하루 종일 배 묶는 밧줄을 조정하고 짐을 로프로 묶는 작업을 했다.

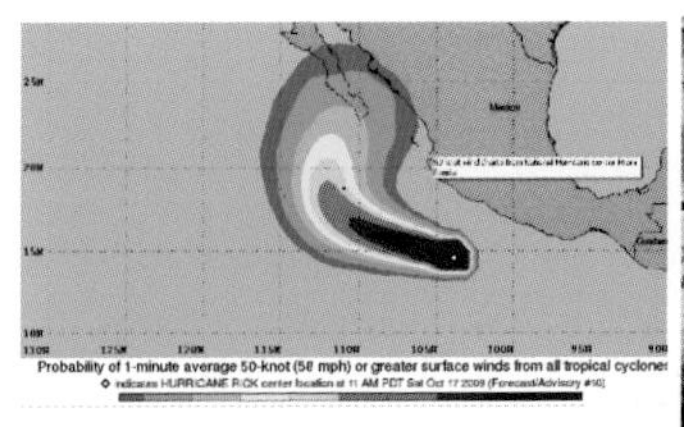

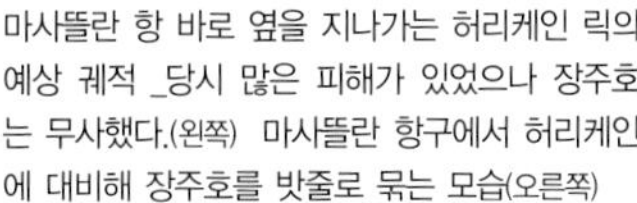

마사뜰란 항 바로 옆을 지나가는 허리케인 릭의 예상 궤적 _당시 많은 피해가 있었으나 장주호는 무사했다.(왼쪽) 마사뜰란 항구에서 허리케인에 대비해 장주호를 밧줄로 묶는 모습(오른쪽)

우리가 만난 허리케인 '릭'은 시속 200킬로미터 이상이었던 수퍼 태풍급 '린다' 이후로 북태평양에 불어온 허리케인 중 두 번째로 큰 폭풍이라고 한다. 허리케인이 얼마나 무서운 것인지를 실감했다. 스쳐 지나갔다는데도 야자나무가 뽑히고 지붕의 기와들이 떨어졌다. 다행히 우리는 큰 피해 없이 지나갔지만 바람이 얼마나 센지 그 소리가 무시무시한 굉음으로 들렸다. 이런 경우 항구에서는 해수면이 높아져 해일이 일어 피해를 본다고 하는데 다행히 배를 묶어 놓은 기둥보다 낮아 피해가 적었다.

갈라파고스로 가는 길

2009년 11월 3일 맑음

예상되었던 허리케인이 발달하지 못하고 소멸되어 멕시코 마사뜰란 항에서 갈라파고스를 향해 드디어 출항했다. 남서풍이 최대 10노트로 불고 파도 높이는 2미터이며, 배의 속도는 5노트이다. 바다로 나오니 파도가 높아 돛을 올리기 불편했지만, 주 돛과 보조 돛을 모두 펼치니 신나게 파

동물들의 낙원 갈라파고스

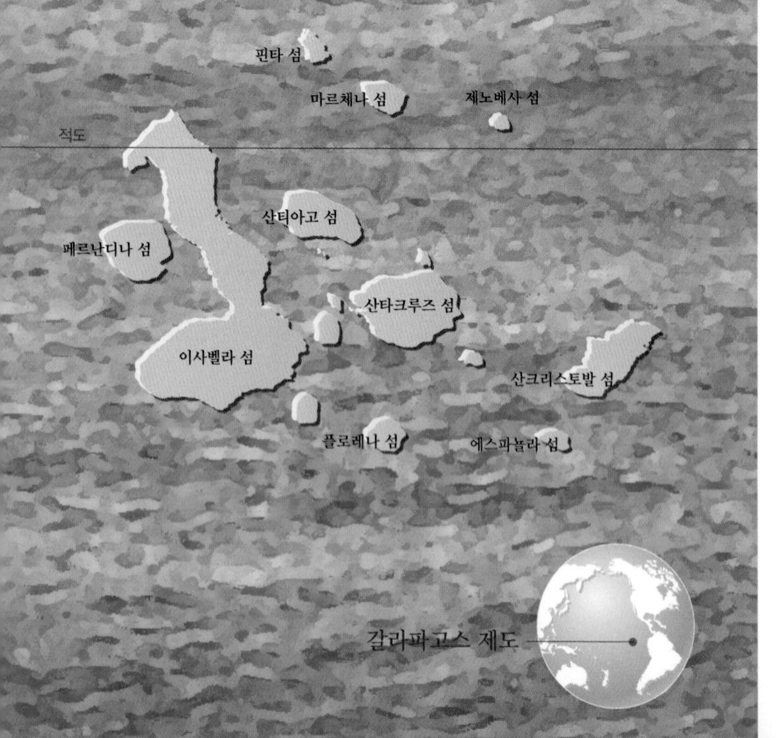

도를 가르며 앞으로 나아가 기분이 상쾌해진다. 저녁에는 바람이 좋아서 7노트까지 속력이 붙었다. 무거운 짐을 싣고 이 정도 속도를 내면 좋은 편이다. 자정을 넘기며 바람이 죽어서 엔진을 사용해서 방위각 220도 방향 남서쪽으로 3시간씩 근무하면서 항해를 계속한다.

11월 4일 수요일 맑음

간밤에 너울과 파도에 시달려 모두 피곤하다. 아침으로 라면을 2개 끓여서 셋이서 나눠 먹었다.

바닷물에서 대기로 뿜어져 나온 이산화탄소와 메탄이 지구온난화에 미치는 영향을 연구하기 위한 이산화탄소 · 메탄 · 수질 측정기 같은 탐사 장비를 설치하느라 오전 내내 부산하다. 측정해 보니 모두 정상적으로 작동되어 기쁘다.

낚시로 잡은 청새치를 갈고리로 들어 올려 힘을 빼는 모습

참치를 한 마리 잡아 내장을 빼고 회를 쳐서 먹었다. 아이스크림 같이

입에서 녹는 것이 꿀맛이다. 저녁 무렵에는 1미터나 되는 청새치가 잡혔다. 뾰족한 주둥이가 위험하여 갈고리로 아가미를 걸어서 힘을 뺀 다음 올렸다. 바로 회를 쳐서 먹으니 우럭 맛이 난다. 동물학과 출신의 지 선장이 청새치 박제를 만들었다.

11월 6일 맑음

어제 잡은 청새치로 스테이크를 해 점심으로 먹는데 밤새 파도에 시달린 탓인지 식욕이 없다. 배가 좁고 더워서 엉덩이에 습진이 생겨 약을 발랐다.

천천히 수영하면서 서쪽으로 가고 있는 거북을 만났다. 어제 저녁에는 배가 지나간 자국 위로 형광빛의 플랑크톤들이 화려하게 빛났었다. 장주호 뒤에 달려 있는 탐사 장비가 궁금한지 엄마와 아기 돌고래가 줄곧 따라오면서 구경을 한다. 권 대원이 장대에 사진기를 묶어 돌고래를 찍으려고 무진 애를 쓴다. 돌고래들도 관심을 갖고 있는 탐사 장비라니……. 돌고래 떼 때문인지 오늘 아침에는 물고기가 낚시를 물지 않는다.

11월 10일 화요일 맑음

멕시코의 시아타네호zihuatanejo로 가려고 관련 책자를 찾아 보니 항구 시설이 마땅찮아 보여서 그보다 7마일 북쪽에 있는 익스타파Ixtapa 항으로 들어가기로 결정했다. 점심 무렵, 육지는 보이는데 항구 찾기가 어렵다. 겨우 찾은 항구 입구에서는 준설 작업을 하고 있어 1시 이후에나 입항이 가능하단다. 1시경에 도착하니 12시 반부터 1시까지 열었다가 다시 닫혔다고 한다. 하는 수 없이 입구에 닻을 내리고 배의 스크루에 달라붙은 따개비를 떼어 내고 방향키 상태를 수중에서 점검했다. 오후 5시가 되어서야 겨우 다른 배들과 같이 항구로 진입할 수 있었다.

11월 11일 수요일 맑음

아침에 일어나자마자 배를 정리한 뒤 빨래를 해서 널고 윈치를 분해했다. 윈치 안에서 굳은 윤활유를 제거하고 나니 굳어서 작동하지 않던 스프링이 정상적으로 움직인다. 윈드베인

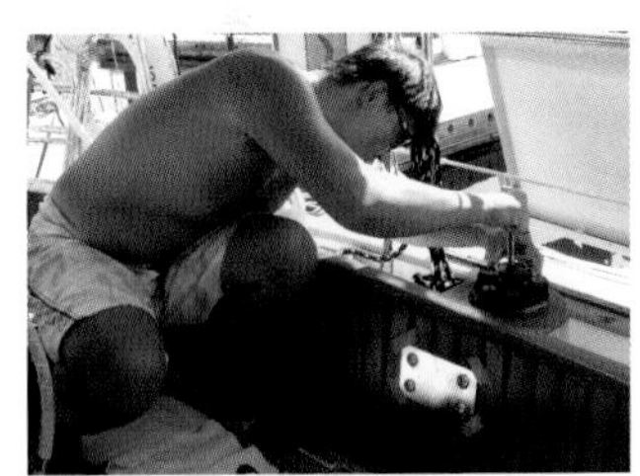
돛을 조정하는 밧줄용 윈치 수리 _좌우 어느 방향으로든 돌리면 밧줄을 당겨서 조여 준다.

멕시코 시아타네호 해변

도 옆의 배 선장이 알려 준 대로 날개 기울어짐을 조절하는 탄력 로프를 걸어 기울어지는 각도를 줄이니 이곳에 도착하기 전까지 배의 방향을 자동으로 잡지 못하던 문제가 해결되었다. 다시 갈라파고스를 향해서 출발할 수 있게 되었다.

익스타파 항의 거리는 관광지라서 그런지 비교적 정돈이 잘 되어 있고 미국 배들이 많아서인지 여러 가지 편의 시설도 잘 갖춰져 있다. 출항 준비로 물탱크를 채워 놓고 시아타네호로 구경을 나갔다. 「쇼생크탈출」이라는 영화의 마지막 장면을 찍은 해변이 바로 이곳이라고 한다. 경치가 정말 아름답고 마치 내가 영화의 주인공이 된 듯한 기분이 들었다. 돌아올 때 필요한 물건을 몇 가지 사 왔다.

11월 14일 토요일 맑음

무풍지대로 들어섰는지 바람이 전혀 없다. 저녁 때까지 바람이 없어 일정에 차질이 생길까봐 걱정하며 실험을 시작한다. 이산화탄소 값이 높은 상태로 일정하게 지속된다.

무엇이 문제인지 이유는 잘 모르겠다.

오늘도 내 허벅지만 한 참치를 잡았다. 이제 참치회는 지겹고 된장국이 그립다.

그물에 걸린 거북을 발견했다. 상처가 난 채 그물에 걸려 오도 가도 못하고 있는 것을 권 대원이 장대로 그물을 벗겨 주었다. 바다로 돌아가는 거북을 보며 모두 자기 일처럼 기뻐한다. 그 동안 바다신이 베풀어 준 참치와 청새치 등을 받아만 먹었는데 작으나마 보답을 한 것 같은 기분이 든다.

11월 17일 화요일 폭풍우

어제까지만 해도 거울같이 고요하던 바다에 강풍이 30노트 이상으로 불어 댄다. 바람에 맞서는 방향으로 가야 하는 장주호는 배의 속도와 파도, 너울까지 겹쳐서 물 위의 낙엽처럼 이리저리 흔들린다. 무서운 바람 소리는 반복적으로 커졌다 작아졌다 해서 간을 콩알만 하게 만들어 버렸다. 밤이 되니 바람 소리는 마치 지옥의 사자 소리처럼 변하면서 배는 쏜살같이 달아난다. 소리 때문인지 비슷한 속도의 바람이 불어도 밤 근무 때는 속도감이 배가 된다. 이런 바람이 무서우면서도 한편으로는 무풍지대에서 바람을 만난 것을 고마워하며 열심히 남쪽으로 달린다.
강풍이 계속되자 배 앞의 보조 돛이 찢어졌다. 찢어진 돛이 내는 소리는 당장 지구의 종말이라도 올 것 같은 굉음이다. 결국 엔진이 멈췄다. 과열되었던 엔진을 식히고 다시 시동을 거는데 기어가 물리면서 완전히 멈춰 버렸다. 마음은 조급하지만 집채만 한 파도와 너울이 배를 정신없이 흔들어 대는 바람에 기관실로 내려가 작업할 엄두가 나지 않아 바람이 잦아들기만 기다린다. 파도와 바람에 지친 마음이 엔진 고장으로 더 가라앉는다. 모두들 며칠 동안 제대로 먹지도 자지도 못한 상태라 무겁게 침묵이 흐른다.

11월 20일 금요일 흐리고 비

참새만 한 크기의 바다제비가 선실로 날아들었다. 가장 가까운 섬이라 해도 족히 수백 킬로미터는 떨어져 있을 텐데 어떻게 날아왔는지 신기할 따름이다. 이 작은 새가 그 정도 거리를 이동할 수 있는데, 왜 핀치는 수십 킬로미터 거리의 갈라파고스 섬들 사이를 옮겨 다니지 않고 더 힘들고 어려운 진화를 선택한 것일까? 의문에 의문이 꼬리를 문다. 폭풍우에 시달려서인지 우리 눈치는 보지도 않고 머리를 날개에 묻고 곤하게 자기만 한다. 심한 바람과 추위에 지친 바다제비에게서 생사를 자연의 자비에 맡기고 있는 우리의 모습을 본다. 바람과 파도가 더 거세지면 우리 목숨도 하늘의 뜻에 달려 있으니 바람 앞의 등불과 같은 처지가 아니던가…….

바람과 비를 피해 장주호로 날아 들어온 바다제비

11월 21일 토요일 흐림

다행히 어제 들어온 바다제비가 원기를 회복하더니 배를 서너 바퀴 돌고는 수평선 너머로 날아가 버렸다. 선실에 남겨 놓은 새똥만이 오래도록 바다제비를 기억하게 할 것이다. 그런 경우 대부분은 극심한 허기와 피로로 죽기 마련이라 마치 우리 중 한 사람이 살아난 것처럼 기뻐들 한다.

아직도 바다는 거칠고 바람은 세차서 밥을 먹고 잠을 자는 정상적인 생활이 힘들 정도이다. 너무 심한 파도와 너울로

속이 메슥거려서 식욕마저 완전히 잃었다. 하루가 너무 길고 힘들다. 왜 항해를 시작했는지, 그렇게 하고 싶어 하던 일이 이럴 수 있는 것인지? 모든 것이 혼란스럽다.

11월 23일 월요일 맑은 뒤 비

밤에 근무를 하면서 보면 배꼬리에 생기는 물결과 배가 가르고 나가는 파도의 물거품 속에서 야광생물들이 화려한 빛을 낸다. 눈에 보이지도 않는 작은 생물들이 어쩌면 저렇게 밝은 빛을 발하는지 신기하다. 지금까지 지나온 북쪽 지역보다 적도에 가까워질수록 그 빛은 더 화려해진다. 꽃의 색깔도 그랬던 것 같은데 왜 그럴까?
밤에는 비가 왔다. 오랜만에 멀리 지나가는 배가 보인다.

11월 25일 수요일 흐림

지난밤에도 파도 높이는 3~4미터에 이르렀다. 북적도해류의 영향으로 3노트 정도의 속도로 느리게 항해할 수밖에 없다. 무료함을 달래려고 대원들과 도착 시간 맞추기 게임을 했다. 모두 기분이 너무 가라앉아서 작은 희망이라도 주고 싶었다.

멀리 보이는 갈라파고스 섬 _화산 분화구와 사막으로 기대와는 달리 풍경이 황량하다.

아! 갈라파고스여

11월 27일 금요일 맑음

드디어 멀리 섬이 보이기 시작한다. 가까이 갈수록 황량한 모습이 드러나 마치 화성에 떨어진 느낌이다. 이곳은 12월부터 5월까지가 우기라서 매일 아침 이슬비가 내리거나 흐린 날이 이어진다. 사막과 화산 분화구만 보이는 황량한 섬이 우리를 반긴다. 얼마 만에 보는 섬이던가!

갈라파고스는 옛 스페인어로 말안장 모양의 거북을 뜻한다. 갈라파고스에 가려면 에콰도르의 수도인 끼또Quito나 항구 도시인 과야낄에서 여행사를 통해 항공편과 숙박을 예약해야 한다. 섬에 들어오는 관광객의 수를 제한하기 때문에 다른 섬에 비해 복잡한 절차를 거쳐야 들어갈 수 있다. 그래서 정식으로 배로 입국하려면 약 6개월 전에 에콰도르의 행정기관에 우편으로 신청해서 허가를 받아야 하는데, 그것도 반드시 허가를 받는다는 보장이 없다.

먼저 다녀온 항해자들이 일단 입국해서 허가를 받는 것이 가장 쉬운 방법이라고 충고해 주어 무작정 입국 신고가 가능한 산크리스토발 섬으로 들어가기로 결정했다. 외국 선박이 입국 신고를 할 수 있는 섬은 이 섬 외에 산타쿠르즈 섬이 있다. 다른 섬에서는 입국 신고를 받지 않으므로 처음 이곳에 도착하는 배들은 반드시 두 섬 중의 한 군데는 들러야 한다. 항해자들 입소문에 산크리스토발 섬이 산타쿠르즈 섬보다 입국 신고가 까다롭지 않다고 해서 이런 결정을 내렸다.

11월 28일 토요일 맑음

여명이 밝아오면서 항구가 보이기 시작한다. 해도를 보면서 접근하는데 요트는 보이지 않는다. '장주호가 정박하는 데 문제는 없을까?' 걱정이 되기 시작한다. 가까이 가니 항구에 배를 댈 수 있는 부두가 없고 작은 보트만 내릴 수 있도록 되어 있어서 수상택시들이 성업 중이다. 할 수 없이 물 위에 닻을 내렸다. 현지 사람이 수속을 도와주어 오전 8시 반쯤 세관 직원이 와서 배를 검사했다. 전 주인의 배 이름과 지금 이름이 달라서 관련 서류를 제시하는 데 어려움이 있었지만 보험 서류의 내용을 참작해 주었다. 안전신호 장비신호탄가 기간이 지났다고 트집을 잡더니 몇 개 가져갔다.

갈라파고스 산크리스토발 섬의 항구에 닻을 내린 장주호

세관 직원과 같이 온 여행사 직원이 샤워와 빨래를 자기 집에서 할 수 있도록 배려해 주었다. 오랜만에 샤워를 한 후 이민국에 가서 여권을 제출하고 입국비 15달러를 냈는데 출국할 때 15달러를 또 내야 한단다. 여권은 수속을 위해 하루 보관했다가 다음날 돌려준다고 한다. 이해할 수 없는 시스템이라 생각했는데 관광회사를 위한 배

려인 듯 여권을 여행사 직원이 가져다준다고 한다. 이 직원은 세관 업무를 대행해 주는 현지인으로, 외국에서 도착한 항해자들은 직접 세관 업무를 볼 수 없고 이런 대리인을 통해야만 한다. 대행 비용이 120불이나 되는 것을 보면 이곳 사람들은 외국 관광객들의 돈으로 생활하는 것 같다.

11월 29일 일요일 맑음

장주호는 11월 3일 멕시코 마사뜰란을 출발해서 11월 28일 갈라파고스 산크리스토발 섬의 항구에 25일 만에 도착했다. 다른 항해자들이 4~5주 걸리는 것에 비해 무척 빨리 온 셈이다. 도중에 풍랑을 만나서 배가 미친 듯이 달렸고, 다른 항해자들이 만난 무풍지대가 없었기 때문일 것이다.

일요일이라 배를 수리할 수 없어서 섬을 돌아보기로 했다. 원래 국립공원 관람료로 1인당 100달러씩 내야 하는데 에이전트가 지불하지 않도록 배려해 주었다. 수상택시를 이용하는 바람에 멕시코에서 어렵게 준비한 딩기작은 보트는 필요 없어졌다. 수상택시는 한 번 이용하는 데 50센트로 배가 정박한 곳에서 항구까지 태워다 준다.

갈라파고스 제도는 개인 선박을 갖고 도착하더라도 한 섬에서만 최대 20일까지 머물 수 있으며 다른 섬으로는 갈 수 없다고 한다. 그래서 다른 섬을 구경하려면 현지 사람이 운영하는 관광선을 이용해야 한다. 곳곳에 다윈 관련 자료들이 전시되어 있는데 바닷가에 있는 시내 광장에는 흉상이 있고 다윈이 처음 상륙한 장소에는 절벽 위에 동상이 세워져 있다. 섬을 안내해 주는 문화센터에는 진화와 환경 보전에 관련된 자료들이 잘 전시되어 있다.

진화의 증거를 알리는 인터넷 카페

갈라파고스에서 인터넷 카페는 문화의 중심지이자 커피와 식사도 할 수 있는 곳이다. 이 섬을 방문하는 사람 중에 사진기를 들지 않은 사람이 없으며, 자신의 블로그나 잡지사로 사진을 전송하는 모습도 쉽게 목격할 수 있다. 나이든 노부부가 머리를 맞대고 자신들이 찍은 사진을 정리하는 모습도 흔히 볼 수 있다. 마치 생물과 관련된 주제로 숙제를 해야 하는 학생들처럼 열심이다. 바닷속 생물을 관찰하기 위해 스쿠버 다이빙을 하러 가거나 거북이나 이구아나를 보러 몰려다닌다.

인터넷 카페가 한집 건너 하나꼴로 있어서 그런지 바닷

가를 따라서 무료 무선인터넷이 된다는 이야기를 듣고 연결해 보니 사용할 수 있었다. 인터넷 카페가 1시간에 1.5달러인 것을 감안하면 굉장한 정보이다. 전기가 연결되지 않는 것이 흠이기는 하다. 배로 가서 연결선을 가져와 화장실 콘센트에 연결해 화장실 위의 정자에서 노트북 컴퓨터로 자료를 정리했다.

이곳에서 만난 현지 사람 중에 세관 수속을 대리해 준 페르난도란 젊은이는 여행지에서 닳고 닳은 전형적인 뺀질이다. 섬을 탐사할 때 이용한 택시기사 까를로스는 거리에서 우리를 보면 항상 말을 걸어 왔다. 두 사람 모두 영어를 구사할 수 있어서 섬에 있는 동안 불편함이 없었다.

거북 숲

거북을 보러간 세로 콜로라도Cerro Colorado의 세로는 요새란 뜻이며, 거북이 살고 있는 숲이다. 이곳으로 가려면 300미터 이상의 높은 산악지대를 지나야 하는데 꽤 춥고 안개가 끼어 있었다. 그런데 거북이 살고 있는 숲은 더운 편이다. 거북은 만사니요와 뽀르띠요라는 식물을 먹는데, 만사니요는 사람에게 독성을 나타내 피부에 닿으면 부풀어 오

나무 열매에 독이 있는 것으로 알려진 거북의 주식인 만사니요(왼쪽)와 거북의 서식지인 산크리스토발 섬의 세로 콜로라도에서(오른쪽)

른다. 이곳에서는 2005년부터 거북 보호 프로젝트가 시작되어 새끼 거북을 키우고 있다.

방명록에 한국 사람 이름이 2009년 5월 이후로 2명이나 있는데, 둘 다 여자 이름이다. 남미의 오지에서도 여성을 많이 만났던 것을 보면 우리나라는 여성이 더 도전적이란 생각이 든다. 직장이나 집안에 안주하기에는 우리 인생이 너무 짧은데 우리 사회가 유교적 가치관으로 개인의 꿈을 가두고 있는 것은 아닌지 자문해 본다.

주민이 100여 명 정도인 마을을 지나게 되었는데 특이하게도 농구장이 있다. 섬의 인구가 5000명인데 십여 개의 농구장 시설이 있고 그 수준도 높아서 인상적이다. 한 마을의 식당에서 '엠빠나나'라는 호떡을 먹었는데, '바나나 안에 뭔가를 넣어서 먹는다'는 뜻이라고 한다. 주로 바나나 모양의 밀가루 안에 치즈가 들어 있다. 페르난도 집에 초대되어 점심을 먹었는데 국과 밥이 모두 맛있었다.

핀치, 사람을 두려워하다

엘쁘로그레소라는 마을에는 1800년대 말의 설탕 농장이 남아 있다. 폐허가 된 농장 주변에 이름도 생소한 아름다운 들꽃들이 피어 있다. 빨간 꽃의 끌라벨레스, 오렌지색의 뚜뻬로사, 흰색의 뽀마로사가 특히 예쁘다.

이곳 숲에서 만난 핀치finch는 사진을 찍으려고 다가가면 도망간다. '새들이 사람을 무서워하지 않아 도망가지 않고 제자리에 앉아 있어 회초리 하나로 수십 마리의 새를 잡았다'고 기록한 다윈이 도착했을 때와는 상황이 많이 다르다.

다윈이 처음 상륙한 해안

세로 띠에레따스. 바닷가에 있는 화산 언덕인데 이곳으로 다윈이 상륙했다고 전한다. 최근에 세운 다윈 동상이 있는데, 유리섬유로 만들어진 조잡한 것으로 얼굴 모습도 닮

지 않았다. 옆의 현무암 절벽과 바위해안은 배가 상륙하기 어려워 보여 다윈 일행의 도착점이라는 데 의문이 생긴다. 지 선장은 북쪽의 다른 지역 모래해안으로 상륙했을 것이라고 하지만, 난 항해기와 일지에 적힌 지명과 같은 확실한 근거가 있으므로 이곳 어딘가에 상륙했을 것이라고 주장했다. 해안을 한참 헤매고 돌아다녀 보니 경사가 급한 언덕 아래에 모래해안이 있었다. 세로 띠에레따스에서 이곳 모래해안 외에는 모두 절벽과 바위라서 이곳으로 상륙했음을 확신할 수 있었다.

다윈이 갈라파고스 제도에 처음 상륙한 해안으로 알려진 세로 띠에레따스

동물보다 못한 사람 대접

갈라파고스는 동물들의 천국인 반면 사람들은 동물보다 못한 대접을 받는 곳이다. 이곳에서 유일하게 푸대접을 받는 동물은 개와 고양이로 짧은 줄에 묶여 다니거나 철조망 울타리 안에 갇혀 지낸다. 그런데 바다사자는 어린이 놀이

놀이터 기구를 차지하고 있는 바다사자 _아이들조차 이들을 쫓아낼 수 없다.

터의 미끄럼틀이나 해변에서 가장 좋은 곳을 독차지하고 있다. 오히려 사람들이 이들을 피해 다니는 실정으로, 혹여 이들을 쫓아내려고 건드리면 바로 경찰에 잡혀 간다. 심지어 항구의 배 위로 바다사자가 하도 많이 올라와서 배를 더럽히고 불편을 끼쳐 철조망을 두른 배들도 많다.

연료와 식수 보충

갈라파고스 산크리스토발 섬에서는 커다란 유조선이 항구에 정박한 채 기름을 트럭에 옮겨 실어 주유소로 보내는 모습을 볼 수 있다. 산유국이라 기름값이 싼 편인데 내국인과 외국인에게 파는 값이 다르다. 내국인은 특히 디젤이나 휘발유를 아주 싸게 살 수 있어서 현지 주민에게 연료 구입을 부탁하면 비용을 크게 절약할 수 있다.

식수는 커다란 플라스틱 통에 담아 판매하는데 배까지 가져와서 물탱크에 쏟아부어야 하는 번거로움이 있다. 우리가 있는 동안 항구에 접안 시설 공사를 하고 있었으니 공사가 끝나면 연료나 식수를 편하게 보충할 수 있게 될 것이다.

화산섬들

엔더비 섬은 플로레나 섬 옆에 있는 작은 섬인데, 화산에서 분출된 재와 퇴적물이 쌓여 화산암층이 층리를 이루고 있다. 이곳에서 스노클링을 하고 11시에 챔피언 섬으로 이동했다. 12시쯤에는 플로레나 섬에 상륙하여 항구 부근의 바위에서 이구아나를 촬영했다. 현지 주민의 집에서 식사를 하고 독일 이주민이 정착했었던 거주지를 찾아갔다. 산중턱의 샘이 있는 곳으로, 화산 바위틈 사이에서 물이 조금씩 떨어지고 있다. 지금도 이 물을 식수로 사용한다고 한다. 1807~1809년 사이에 해적들이 바위틈 사이를 넓혀서 만든 창고와 얼굴 조각상을 볼 수 있다.

이곳에서 내려다보니 화산 분화구의 한쪽이 부서진 형태로 남아 있는 모습이 다윈이 묘사한 것과 같다. 이 분화구는 커다란 화산의 일부분이다. 이 산을 오르는 도중에 검은색 화산쇄설물 퇴적층에서 동영상과 사진을 찍었다. 이곳 화산은 200만~300만 년 전 사이에 형성되었는데, 지금도 지각판이 1년에 7센티미터씩 동쪽으로 움직인다고 한다. 이 지역의 생물종이 유별난 이유는 아마도 엘니뇨와 건기, 화산활동, 고립된 위치, 한 방향으로 흐르는 해류, 열점 hot-spot 지구 내부의 맨틀 깊은 곳에 있던 마그마가 분출되는 지점에 의한 섬의 형성 과정들 때문이라 생각된다. 나는 이와 비슷한 하와이 섬에서는 왜 갈라파고스와 같은 독특한 생물상특정 지역이나 수역에 살고 있는 동식물의 모든 종류이 형성되지 않았는지 의문이 생겼다.

시에라네그로 화산과 4형제 섬

플로레나 섬을 출발해 이사벨라 섬에 도착한 후 숙소에서 점심으로 샌드위치와 물을 준비해서 시에라네그로 화산으로 향했다. 우리 외에도 이 화산을 보기 위해 환갑 이상의 어르신들과 이십 대의 젊은이들이 함께 산을 올랐다. 특이하게 중년층이 없다. 노인들은 말을 타고 올라가고 젊은이들은 걸어서 올라간다. 왕복 40리 길을 걸어가면서 말을 안 탄 것을 후회했다.

남쪽 비탈면은 비가 와서 진창이라 걷기가 힘들었다. 북쪽으로 갈수록 간간이 비가 멈추어 사진을 찍을 수 있었다.

정상 바로 아래에서 큰 나무를 보았는데 솝 트리soap tree 예전에 나무껍질을 비누 대신 사용한 데서 유래란 외래수종으로 1879년 이후에 들어왔다고 한다. 이 화산의 규모는 세계에서 두 번째로 넓고 큰 화산이며, 가장 최근에는 2005년에 분출했었다고 한다. 오래 전에 분출한 용암과 2005년에 분출한 용암은 색깔부터 달라서 뚜렷하게 구분이 된다. 분화구 안에서는 용암이 흐른 흔적을 여러 곳에서 볼 수 있다.

백화현상으로 죽어 버린 흰색의 산호 조각 자갈과 검은색의 화산암(위)과 아아 용암 위의 바다이구아나로 머리 위의 하얀 점들은 이구아나가 뱉어 낸 소금이다.(아래)

오후에 플라멩코를 보러 가면서 매와 검은 목의 새stilt를 보았다. 이사벨라 항 근처의 작은 섬에서 이구아나 무리와 모래해변을 만났는데, 산호 조각들이 부서져서 만들어진 해변이다. 현재 산호들이 죽어 생기는 백화현상으로 많이 파괴되고 있다. 이곳의 용암은 거칠고 들쑥날쑥한 표면을 가진 아아 타입인데 검고 날카로운 바위들 사이로 이와 비슷한 빛깔의 바다이구아나들이 수도 없이 돌아다닌다. 따뜻한 온기를 많이 받아들이기 위해 온몸을 땅에 밀착시키거나 무리지어 엎드려 있는 모습이 특이하다. 현무암으로 만든 보도블록이 햇빛을 받아 따뜻해지면 그 위까지 진출해 엎드려 있는 이구아나의 모습을 쉽게 볼 수 있다.

4형제 섬으로 이동했다. 이사벨라 섬의 용암은 염기성이 강한 검은색 용암이 느리게 움직인 반면에 동쪽으로 갈수록 산성인 밝은색의 화산성 퇴적물들이 폭발하면서 떨어져 쌓인 화산층을 이룬다. 이들 화산층은 나중에 압축을 받아 습곡이 되었다. 나는 이런 폭발적인 화산활동으로 수개월간 햇볕이 사라지고 화산쇄설물과 높은 온도로 생물체들이 전멸해 버려 이 섬에서 진화의 증거들을 쉽게 찾을 수 있었을 것이라 생각한다.

그 증거로 4형제 섬은 모두 밝은 빛의 화산성 퇴적물로 되어 있는 점을 들 수 있다. 밝은 색의 화산성 퇴적물은 폭발에 의해 분출된 것이고 검은색 용암은 분화구에서 흘러나

온 것이기 때문이다. 물론 폭발이 일어나면 재가 하늘을 덮어서 길게는 수년 동안 햇빛을 보지 못하기도 한다. 이들 섬에서 주향이동단층보통 지층이 갈라져 경사를 따라 위아래로 어긋나는 단층 현상과는 달리 단층면의 수평 방향으로 이동한 현상을 확인할 수 있으며, 화산성 쇄설물 중 일부에는 자갈이 들어 있다. 이들은 쌓인 후에 습곡과 단층작용을 받았다.

산타쿠르즈 섬과 산타페 섬

산타쿠르즈 섬에는 대나무가 많이 보인다. 외부에서 유입된 종이라고 한다. 용암터널에 가 보니 용암이 흘러 나간 길공간이 동굴이 되었다. 동굴의 벽에는 석회질 성분이 녹아내려 벽면이 희끗희끗한데 동굴이 만들어진 지 얼마 되지 않아 종유석으로까지 발달하지는 못했다. 바닷가로 가려면 선인장 숲을 지나간다. 선인장은 크게 2종류인데, 하나는 나무 같은 줄기에 큰 떡잎 모양의 잎을 가진 것과, 통 줄기가 이어져 있는 것이다.

해변에 도착하니 모래사장이 넓게 이어지는데, 이 모래들은 산호가 아니라 산성의 화산 퇴적물이 침식되어 이동해 온 것으로 보인다. 그래서 모래 질이 좋다. 이 해변의 검은색 현무암 위에는 이구아나와 게가 살고 있는데 둘 다 몸색이 바위 색과 흡사하여 자세히 들여다보지 않으면 발견하기가 어렵다. 바닷가의 검은 바위 중에는 흐르는 용암이 바닷물에 닿아 굳어져 만들어진 베개용암이 있어 매우 인상적이다.

다윈센터에는 휴일이라 과학자들이 근무하지 않아 이야기를 나눌 수 없어서 무척 아쉬웠다. 검은색의 바다이구아나가 모래사장에 만들어 놓은 발자국이 재밌다. 급히 도망갈 때는 꼬리의 흔적이 직선으로 이어지고, 한가로이 거닐 때는 꼬리의 선이 완만한 곡선을 이루며 끊어져 있다.

산타페 섬은 검은색의 현무암들이 해안에 절벽을 이루고 있다. 오렌지색 텐트 하나가 이 섬에서 과학자가 연구 중이라는 사실을 알려 준다. 이곳의 현무암은 주상절리용암이 식으면서 수축되어 생기는 다각형 기둥 모양의 금를 보이고, 주변 해안의 물속에는 산호들이 남아 있다.

산크리스토발 섬

이곳 주민들에게 컴퓨터를 가르치며 장애가 있는 분들을 돕고 있는, 한국국제협력단KOICA 자원봉사자 김은영 씨를 만났다. 한정된 공간인 섬이라서 그런지 근친결혼을 많이 해 장애아 출생률이 높단다. 치안 상태가 좋아 감옥에는 두 사람만이 갇혀 있는데 자동차 사고를 낸 사람과 국립공원에서 3000달러를 훔친 사람이라고 한다. 시간을 정해 비행기와 배가 운항하기 때문에 섬 밖으로 도망갈 수 없는 것이 도둑이 없는 또 다른 이유라고도 한다.

배를 타고 시계 방향으로 섬을 한 바퀴 돌았다. 서쪽에 있는 기요, 화산재 바위, 응회암 콘 등을 보고, 바다이구아나, 푸른발부비 *Sula nebouxii*, 거북, 바다사자 등을 관찰하며 북쪽으로 이동하여 신비한 녹색의 모래해안에 도착했다.

멀리서 해안을 바라보면 황금이 해변을 덮고 있는 듯하다. 스노클링 장비

산크리스토발 섬의 서해에 서 있는 기요 _이 섬은 해저에 침식되어 평탄해진 후에 융기하여 현재의 모습을 보여 준다.(위) 산크리스토발 섬의 푸른발부비 _성격이 좋아서 다른 동물들과 함께 잘 지낸다.(아래)

를 착용하고 배에서 해안까지 헤엄쳐 갔더니 멀리서 황금으로 보이던 것은 해변의 모래에 섞인 황철석 입자였다. 주변의 바위도 화산암들이 변성되어 황철석 외에 녹색의 변성 광물을 갖고 있어서 가까이 가니 해변에 녹색 모래가 반짝거린다.

해변의 거북을 보려고 맨발로 수풀을 헤매고 다니다가 발바닥에 가시가 박혔다. 5~6밀리미터밖에 안 되는 작은 가시가 신경을 온통 건드려서 걸을 때마다 고통스럽다. 이럴 때면 아무리 중요하고 의미 있는 일도 내 몸의 작은 신경에서 느껴지는 감각만큼의 가치도 없는 것인가? 하는 생각이 들기도 한다.

지금까지 갈라파고스의 섬들은 용암이 흘러서 만들어진 것이라 알려져 있었는데, 화산재가 쌓여서 된 섬들이 더 많아 보인다. 화산 폭발로 섬 전체의 생물종이 전멸하고, 재부팅됨으로써 섬의 동식물 진화에 영향을 준 것이라 판단된다.

돌아올 때는 섬의 동쪽 해안을 따라서 이동했다. 황량한 사막과 분화구들은 이곳이 적도 아래라는 것을 무색하게 한다. 얼마 멀지 않은 남쪽 해안의 바닷가 절벽에는 방금

내린 비가 폭포를 이루며 바다로 흘러내린다. 이 물을 사막 지대인 북쪽 섬사람들이 활용하면 좋겠다는 생각이 들었다. 배의 엔진 고장으로 예정보다 늦게 석양이 지고 나서야 항구로 돌아왔다. 오늘 일정이 힘들었던 것인지 나 자신에게 '이런 고생을 왜 사서 하지?' 하는 뚱딴지 같은 생각이 들었다.

그리운 땅, 하와이

2009년 12월 18일 금요일 흐림

갈라파고스에서 하와이로 가는 경로는 돛단배로 갈 수 있는 가장 먼 거리이다. 도중에 문제가 생겨도 들렀다가 갈 섬이나 육지가 없다. 보통 38일쯤 걸린다고 하여 각오를 단단히 하고 출발했다. 계기판의 속도는 5노트이지만 훔볼트 해류가 뒤에서 밀어 주어 실제 이동속도는 7노트 정도이다.

저녁에 낚싯줄을 걷어 들이는데 고등어가 잡혔다. 피를 빼고 바로 고등어 조림을 만들어서 저녁 반찬으로 먹었는데 맛이 없다. 소금 간이 배지 않고 사후 경직이 풀리지 않아서 그런 것 같다.

12월 25일 금요일 흐리고 비

성탄절이다. 어제 남은 밥을 끓여 간장에 졸인 고추를 반찬으로 해서 아침을 먹었다. 항해 기간에는 늘 1식 1찬이 기본인데 성탄절 아침이라 그런지 서글픈 생각이 든다.
비가 와서 갑판에서 샤워를 했는데, 빗물이 부족하여 제대로 헹구지 못했다. 적도 근처인데도 춥다. 아직 훔볼트 한류寒流의 영향을 받는가 보다.
서쪽으로 갈수록 메탄 측정값은 점점 낮아진다. 바닷물이 깨끗해지고 있다는 뜻이다. 수온이 섭씨 26도를 넘어서 국지적 열대성 저기압이 발생할까 봐 염려된다.

12월 30일 수요일 맑음

갈라파고스에서 5달러 주고 구입한 한 줄에 수백 개 달린 바나나가 익기 시작했다. 노랗게 익은 것을 따서 아침식사를 대신한다.

12월 31일 목요일 흐림

한 해를 보내는 마지막 날을 바다에서 보낸다. 된장을 풀고 햄을 썰어 넣은 부대찌개(?)를 특식으로 마련해 먹었다.

2010년 1월 1일 금요일 비 오고 흐림

강풍과 악천후 속에서 7노트의 속도로 항해 중이다. 습한 바닥과 젖은 옷들 때문에 엉덩이에 종기가 났다.

1월 2일 토요일 비 오고 맑음

20~30노트의 강풍이 분다. 7노트의 빠른 속도로 서진하고 있다. 강풍으로 주 돛의 아래 두 부분이 돛대를 지지하는 철끈에 쓸려서 찢어졌다. 선수船首 방향의 작은 돛 가장자리도 찢어졌다. 비와 바람을 막아 주는 닷지 천도 찢어져 펄럭거린다. 돛의 아래 활대를 지지해 주는 가로활대지지대도 부서졌다. 삼각돛 아래 실밥도 터졌다. 돛의 고정 위치를 조정하는 밧줄을 잡아 주는 장치인 트래블러 아이의 고리도 깨졌다.

트래블러 아이에 밧줄을 걸어서 응급조치를 하고, 부서진 가로활대지지대 고정쇠는 밧줄로 마스트에 임시로 묶어

반쯤 찢어진 조종석 앞쪽 천막 사이로 운전대가 보이고(왼쪽), 폭풍으로 트래블러 아이도 부서졌다.(오른쪽)

두었다. 배가 파도에 부딪칠 때마다 묶어 놓은 가로활대지지대가 움직이면서 선실 천정을 긁는다. 그 소리가 신경을 건드려 잠을 이루지 못하고 있었는데 너무 피곤해서인지 어느새 잠이 들어 버렸다.

갈라파고스 섬에 서식하는 것으로 알려져 있는 빨간발부비*Sula sula* 1쌍이 배로 날아 들어왔다. 페트병으로 건드려 내보내려고 했지만 날아갈 생각을 하지 않는다. 수컷은 지저분하고 깃털도 중간 중간 빠져 있어서 병색이 완연하다. 녀석은 잠만 잔다.

원래 부비는 성격이 좋아서 펭귄이나 바다사자들과도 같이 잘 어울리고, 사람이 다가가도 도망치지 않는다. 암컷은 며칠 동안 곁을 지키며 깃털 손질만 하더니 마음을 굳힌 듯 배를 떠났다. 그래도 의리 때문인지 수컷이 머무는 장주호 뒤를 계속 따라온다. 혼자 남은 수컷은 가끔 먹이를 구하려고 바다에 뛰어들지만 병든 부비에게 잡힐 물고기는 한 마리도 없다. 탈진한 부비에게 배에 올라온 날치를 던져 주지만 먹으려 하지 않는다. 얼마 후 죽을 때가 되었다고 생각했는지 바닷속으로 뛰어들었다. 몇 번 허우적거리던 녀석이 다시 떠오르지 않았다.

장주호에 동승한 부비 한 쌍 _왼쪽의 깃털 상태가 안 좋은 부비가 수컷이다.

1월 5일 화요일 흐림

북동태평양 한가운데 있는 클라리온-클리퍼톤 균열대 위를 지나고 있다. 이 지역 바다 밑에는 개발 가능성이 높은 망간단괴가 넓게 분포하는 것으로 알려져 있다. 우리나라는 이곳에 독자적으로 망간단괴를 개발할 수 있는 단독개발광구를 갖고 있는데, 그 넓이가 7만 5000제곱킬로미터로 남한 면적의 3/4에 해당한다. 약 5억 1000만 톤의 망간단괴가 부존되어 있다고 한다.
경제영토이기는 하지만 오랜만에 우리나라 영토를 항해하고 있다고 생각하니 감개무량하다. 매년 여름이면 이곳에서 탐사활동을 펼치는 우리나라의 종합 해양과학 조사선 온누리호를 만날지도 모른다는 기대를 해 보지만, 시기도 맞지 않고 태평양은 넓기만 하다.

1월 8일 금요일 흐림

D-9일! 하와이 힐로에 도착 예정 카운트다운을 시작했다. 서쪽으로 이동해야 하는데 오히려 북쪽으로 올라가는 속도가 빨라 걱정이다. 지금까지 유지해 오던 3시간 근무 교대를 2시간으로 바꿨다. 오랜 항해로 피로가 겹치기도 했고, 항로를 정확하게 유지하기 위해 집중력을 높이려는 조치이다. 260도에서 270도 사이로 유지하려고 노력 중이다.

1월 9일 토요일 맑음

장비를 유지하기 위해서 매일 측정용 센서들을 민물로 닦았다.

8전 9기 끝에 마히마히*Coryphaenidae*를 잡았다. 8번을 놓치고 9번째 잡아 올렸다. 매번 낚싯바늘이 휘고 낚싯줄이 끊어진 것으로 보아 그동안은 너무 큰 놈들이 물었던 것 같다. 배를 갈라서 밥통위장을 꺼내 잘게 썰어서 기름에 볶아서 양구이를 했다. 생선 양구이는 처음 먹어 본다.

1월 11일 월요일 맑음

기상 팩스를 받았다. 돌풍이 하와이 북쪽으로 자리 잡고 있어서 다행이다. 바닷물에 녹아 있는 메탄 측정값이 높다.
무료함을 달래려고 하와이에서 먹고 싶거나 하고 싶은 일을 적어 본다. 돌솥비빔밥, 자장면, 비빔냉면, 물냉면, 육개장, 쇠고기 숯불구이, 백숙, 뼈까지 갈아 넣은 닭 지짐, 차이나타운의 만두, 일본식 초밥, 청국장, …….
사람들은 요트 여행이 상당히 낭만적일 것이라 생각하겠지만, 요트로 태평양을 건넌다는 것은 상당히 지루한 일상을 견뎌야 한다는 뜻이기도 하다. 육지는 보이지 않고 바다와 하늘만이 따른다. 다윈도 이런 기분을 '태평양의 광대함을 이해하기 위해서는 이 거대한 바다를 항해해 볼 필요가 있다It is necessary to sail over this great sea to understand its

immensity.' 라고 자신의 항해기에 적었다.

1월 12일 화요일 맑음

배터리 상태가 좋지 않아서 충전한 지 1시간도 안 되어 방전되어 버린다. 항해등을 켜지 않은 채 불안한 마음으로 항해를 계속한다. 화장실과 실내등도 켤 수 없어 벽을 짚고 더듬거리며 다녀야 한다. 항해를 하다 보면 빛의 소중함을 절로 깨닫게 된다.

1월 13일 수요일 흐림

낚시를 드리워 놓았는데 한 마리도 잡지 못했다. 전에 잡아서 말린 건어에 기름을 칠해 구웠다. 안쪽은 참기름, 바깥쪽은 식용유를 발랐다.

1월 14일 목요일 흐림

메탄 측정값이 낮아지기 시작했다.

하와이까지 1000킬로미터쯤으로 거리가 가까워지면서 기상 팩스의 수신 상태가 좋아져서 선명한 기상도를 받을 수 있게 되었다.

1월 15일 금요일 맑음

NYK라는 컨테이너선이 멀리 보인다. 오랜만에 만나는 배이기도 하고 한국 배일지도 모른다는 생각에 VHF무전기로 호출해 보았다. 무전을 수신한 필리핀 선원이 한국인 선장을 바꿔 준다. 부산 출신으로 한국해양대학교 34기라는 박주한 선장이 고맙게도 동아일보에 연락도 해 주고 기상 정보도 제공해 주었다.

교신하는 동안 파도가 높아서 박 선장은 우리가 교신할 수 있는 상황인지를 계속 물어 왔다. 아마도 파도의 골에 잠겼다가 떠오르는 장주호가 위태위태해 보였던 모양이다. 박 선장은 "대단하십니다"를 여러 번 말했다.

1월 17일 일요일 맑음

하와이에만 서식하는 관상용 새처럼 잘 생긴 하얀 새가 날아왔다. 하와이로부터 거리가 500킬로미터 정도나 되는데 물고기를 찾아서 왔나 보다. 생긴 모양과는 다르게 물고기를 잡을 때면 온몸을 던져서 사냥한다.

이곳의 수온은 지금까지 지나온 지역보다 섭씨 1도나 높고, 바닷물 속 메탄량도 1리터당 수백 나노몰nano mol/liter로

늘어났다. 메탄이 많이 녹아 있는 해역에는 메탄가스를 좋아하는 박테리아가 늘어나서 이들을 잡아먹는 게와 물고기가 모여 들어 좋은 어장을 형성한다. 연쇄적으로 새들은 물고기를 먹기 위해 이곳까지 날아오게 된다. 이런 연관성은 남미를 탐사하면서도 여러 번 경험했다.

1월 18일 월요일 흐림

말린 마히마히를 시식해 보았다. 말린 지 얼마 되지 않아서인지 숙성된 맛은 없지만 쫄깃하고 신선한 맛이 느껴진다. '힘이 세다'는 뜻이라는 마히마히라는 이름처럼 힘이 세기 때문에 낚시로 잡아 올리는 데 힘이 든다. 물속에 있을 때의 비늘은 형언할 수 없을 만큼 화려한 하늘색으로 아름답지만, 배로 올리면 색소판이 작동하지 않는지 화려한 색은 없어지고 검은 점들만 남는다. 자연의 생명체가 죽어서 자신의 빛을 잃는 것은 안타깝지만 우리

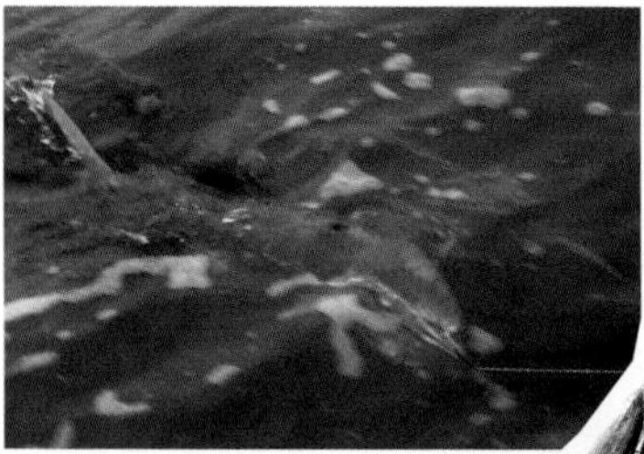

낚시에 걸린 마히마히 _물속에 있을 때는 화려한 코발트색과 노란색을 띤다.(위) 장주호 선실에 걸어 말린 마히마히 _화려했던 물속에서의 몸 색깔과 대조를 이룬다.(아래)

에게는 신선한 단백질 공급원이 되어 준다.

1월 19일 화요일 흐림

12시에 실험을 시작해 메탄 이상대1.9마이크로몰/리터를 발견했다. 이 정도 양이라면 불타는 얼음가스 하이드레이트이 발견된 지역이나 해저 유전과 같이 메탄가스가 많이 발생하는 곳에서나 관측되는 높은 값이다. 이 메탄가스는 공기 중으로 퍼져 지구온난화에 일조하게 될 것이다.
이런 현상은 갈라파고스 섬 주변에서도 있었는데 화산활동과 관련해서 메탄이 균열대를 따라 분출한 것으로 예상된다. '이런 메탄 방출이 지구의 온도를 높이는 데 이산화탄소보다 더 큰 역할을 하지 않았을까?' 하는 생각이 들었다. 힐로 입성 기념으로 미리 럼주 파티를 벌인다.

1월 20일 수요일 맑다가 흐림

힐로 섬이 보인다. 갈라파고스를 떠난 지 33일 만이다. 모두 즐거워한다. 오후 4시에 아주 작은 만인 라디오베이Radio Bay에 도착했다. 보트 계류 지역과 미국해안경비대USCG 기지 중 어느 곳에 배를 댈 것인지 고민했다. 우리는 갑판에 묶어 둔 딩기가 있지만 풀기가 불편해 보트 계류 지역 대신 USCG기지에 배를 대고, 배의 한쪽은 부이에 묶고 다른 한쪽은 부두에 고정시키는 타히티 무어링을 하기로 결정했다. 밤중이 되면서 바람이 심해져 항구로 들어온 것을 다행이라 생각했다.

1월 24일 일요일 맑음

힐로에서 호놀룰루로 가는 길이다. 바람이 없어서 바다가 호수같이 잔잔하다. 바닷물결이 마치 유리처럼 반사되어 부드럽고 매끄러운 결들을 보여 준다. 바람이 약해서 일정이 하루 늘어났다. 일기예보의 풍향이 전혀 맞질 않는다. 남풍이 분다고 했는데 북풍이 불고 있다.

황다랑어*Thunnus albacares*가 잡혀 올라와 그나마 기분 전환이 되었다. 붉은색 살의 단단한 식감이 일품이다. 그런데 나중에 알아보니 참치 중에서는 하품이라고 한다.

1월 25일 월요일 맑음

어제 저녁과 오늘 아침 해가 뜨고 질 때 대기 중의 화산재 영향으로 황사처럼 해의 모양을 뚜렷하게 볼 수 있었다.

구름 사이로 핏빛 노을이 퍼진다.
메탄은 여전히 높은 값을 보인다. 용암 분출 때 생긴 유리가 햇빛에 반사되어 반짝이는 것을 멀리서 보고 선원들이 다이아몬드를 찾아 올랐다는 와이키키 해변에 있는 화산분화구인 다이아몬드 헤드를 보면서 호놀룰루의 알라와이 항구로 들어선다. 주유소에서 디젤 300리터를 보충하고 방파제 옆의 857번 슬립에 계류 밧줄을 걸었다.

최근 활발해진 힐로 분화구에서 발생한 화산 먼지가 인근 해역을 덮은 가운데 석양으로 물들은 핏빛 하늘

1월 26일 화요일 흐리고 비

아침에 마리나 사무실에 가니 항구 책임자가 신경질적으로 자리가 없으니 옆의 항구로 가란다. 다른 팀원과 상의한 후 다시 이야기하기로 하고 나와서 주변 사람들에게 물어보니 상식 이하라고 입을 모은다. 배의 돛과 엔진이 고장 나서 수리한 후 이동하겠다고 사정해서 일주일 정박 허

가를 받았다.

저녁에는 이 항구에 배를 정박시켜 놓고 사는 한국인 폴 김 씨와 식사를 했다.

1월 27일 수요일 맑음

어제 술을 많이 마셨는지 지 선장은 늦잠을 자고, 권 대원과 나는 샤워와 빨래를 한 후에 이 항구의 유일한 한국인들인 폴 김, 권혁주 씨와 시내로 나가 돛 수선과 수리용 부품, 배터리 등을 알아보았다. 이 분들이 가족용 휴대폰5인 사용료 99달러을 구입해서 그 중 1대를 빌려 쓰기로 했다.

곱창을 사 가지고 와서 폴 김 씨의 요트에서 저녁으로 같이 먹었다. 폴 김과 함께 사는 진돗개 '진돌이'가 우리를 보고 계속 짖어대며 자꾸 물려고 한다.

2월 18일 목요일 맑음

하와이 알라와이 항구에는 장주호를 수리하기에 적당한 시설과 기술자가 있어서 갈라파고스 제도에서 하와이까지 오는 동안 찢어진 주 돛과 집 세일Jib Sail, 보조 돛을 수선하고, 부러진 트래블러 아이와 붐돛을 고정하는 가로막대을 올려놓는 스테인리스강 파이프를 용접했다. 가끔 시동이 걸리지 않는 엔진도 수리하고 바람을 이용하는 자동 항해 장치도 조정했다. 지금까지는 북위 20도 남쪽의 따뜻한 지역을 항해했지만, 이제부터는 북쪽으로 항해해야 하므로 겨울옷과 장갑 등을 준비했다.

그동안 라디오코리아의 「아침마당」과 하와이 한인 TV, 일간지 등과 인터뷰하면서 바쁜 일정을 보냈다. 출항하기 전 일요일에는 무사 항해를 기원하는 모임에서 교민과 현지인들이 2012여수세계박람회 로고에 사인해 주기도 했다.

클라리온-클리퍼톤 균열대

하와이에서 동남쪽으로 1000킬로미터 정도 떨어진 클라리온-클리퍼톤 지역은 북위 6~16도, 서경 114~155도 사이에 위치한다. 북동태평양의 작은 섬 클라리온과 클리퍼톤에서 이름을 따온 균열대전체 방향으로 평행한 해령과 좁은 해구로 된 바닷속 지형가 이곳에 있다. 두 균열대 사이의 지역을 묶어 C-C지역이라 부르기도 한다.

이 지역의 수심은 4500~5600미터로서 태평양 심해 지역 가운데 비교적 평탄하며, 퇴적층 두께는 평균 200미터 정도이다. 적도 부근 지역이 생물종도 다양하고 생물들의 생산성도 높은 데 비해 이곳은 생물 생산성이 낮다. 퇴적물은 플랑크톤의 잔해와 육지에서 날아왔거나 여기서 만들어진 점토로 되어 있다. 이 지역은 망간단괴가 만들어지기에 적합한 환경이며, 특히 남극으로부터 용존산소가 풍부한 저층 해류가 흘러오고 있어서 산소가 풍부하게 공급되고 있다. 이 지역에는 약 124억~540억 톤에 달하는 망간단괴가 분포하는 것으로 추정하고 있다.

망간단괴의 형성과 중요성

망간단괴는 바닷물이나 퇴적물 내부의 틈에 스며들어 있는 물에 녹은 금속 성분이 평균수심 5000미터 해저면에 매우 느리게 가라앉아 지름 3~10센티미터 정도 크기로 만들어진 검은색 금속 덩어리이다.

망간단괴 _주먹 크기의 망간단괴에는 지구의 역사가 고스란히 담겨 있다. 우리나라 단독개발광구의 해저면에는 5억 1000만 톤의 망간단괴가 분포하고 있다.

암석 파편이나 상어 이빨 등을 핵으로 삼아 마치 나이테처럼 동심원을 이루면서 느리게 성장하는 망간단괴는 100만 년에 1

~10밀리리터 또는 1000년에 1제곱센티미터당 0.2~1.0밀리그램 정도 쌓인다고 한다. 망간단괴가 어른 주먹만 해지려면 1000만 년 이상 걸린다. 이는 지구상에 유인원이 처음 등장했던 250만 년 전보다 훨씬 이전이며, 주먹 크기만 한 망간단괴에는 1000만 년 동안의 지구 역사가 고스란히 담겨 있다.

망간단괴에는 망간20~30%, 철5~15%, 니켈0.5~1.5%, 구리0.3~1.4%, 코발트0.1~0.3%와 같은 전략적 가치가 높은 금속 광물과 40여 종의 다른 금속 성분이 들어 있어서 '해저의 검은 노다지' 또는 '검은 황금'이라고 불린다. 망간단괴에 함유되어 있는 니켈은 화학 관련 공장과 정유 시설, 코발트는 항공기 엔진과 의료기기 산업, 구리는 통신과 전력 산업, 그리고 망간은 철강 산업의 필수 소재로 매우 중요한 자원들이다.

심해저 광물자원 개발을 위한 노력

우리나라는 수입에 의존하고 있는 주요 전략 금속자원을 직접 구하기 위해 북동태평양에서의 심해저 광물자원 개발 사업과 남서태평양 망간각망간, 철, 니켈, 백금 같은 자원이 들어 있는 바닷속 광물자원 탐사 그리고 해저열수광상 바닷물이 마그마 때문에 뜨거운 물로 바뀌어 가라앉아 만들어진 금, 은, 구리, 아연 같은 금속자원이 들어 있는 바닷속 광물자원 탐사 사업을 연계해 진행하고 있다. 이렇게 함으로써 해양 영토를 넓히는 한편 주요 금속자원을 자급할 수 있는 기반을 마련하고 있다. 심해저를 개발함으로써 첨단 해양과학 기술의 발전도 기대한다.

1992년부터 본격적인 탐사가 시작된 심해저 광물자원 개발 사업은 1994년에 유엔 산하 국제해저기구ISA로부터 태평양 공해상의 클라리온-클리퍼톤 해역에 우리나라 광구를 인준 받았다. 2002년에는 남한 면적의 3/4에 해당하는 7만 5000 제곱킬로미터의 단독개발광구를 확보했다. 이렇게 해서 우리나라가 개발할 수 있는 막대한 양의 해저 광물자원을 갖게 되었다.

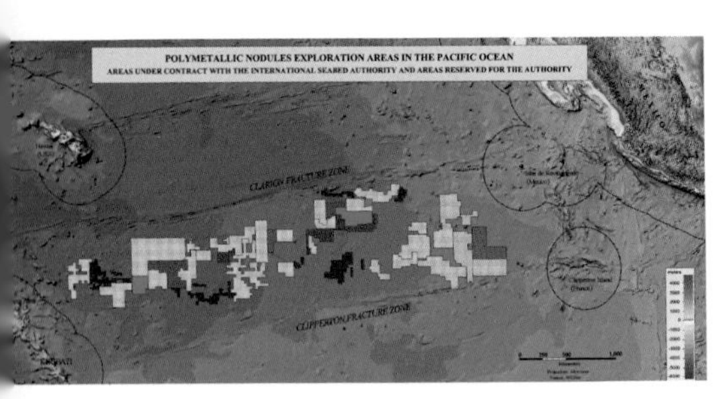

클라리온-클리퍼톤 균열대에 위치한 각국의 광구 _붉은색 표시 지역이 우리나라가 단독 개발하는 망간단괴 광구이다.

2020년까지 심해저 광물자원을 상업적으로 생산하는 시스템을 구축하는 것이 목표이다. 지금은 개발 등급 선정 및 최적의 채광지 확보를 위한 광구 정밀 탐사와, 채광에 의한 인위적 환경 변화 평가를 위한 환경 탐사를 하고 있다. 한편에서는 망간단괴를 효율적으로 채취하기 위해 채광 시스템을 개발하여 시험하고 있으며, 함유 금속을 경제적으로 제련할 수 있는 환경 친화적 제련 시스템도 개발하고 있다.

항해일지에 적어 놓은 하와이에서 하고 싶은 일들

· 먹고 싶은 음식

돌솥밥, 자장면, 비빔냉면 · 물냉면, 육개장, 소고기 숯불구이, 닭백숙, 뼈까지 갈아 넣은 닭 시짐, 차이나타운의 만두, 일본식 초밥, 청국장

· 레포츠

서핑, 하와이 전통 카누, 스노클링

· 유희

노래방, 4구 당구, 대원 중 한 사람은 국적 · 나이 불문 로맨스 만들기, 캠핑, 용암 구경

'배에서 대원들과 생각했던 '하와이에서 해야 할 일'

1. 폭풍으로 찢어진 돛과 햇볕 차단막 수선
2. 폭풍으로 부러진 트레블러 아이 교체
3. 북서태평양, 일본 열도, 남해 지역의 자세한 종이 해도 구입
4. 멈추어 버린 엔진의 솔레노이드 스위치와 망가진 수심계의 전기 배선 수리
5. 구입한 지 몇 달 되지 않았지만 성능이 좋지 않은 습식 배터리를 해양용 젤 배터리로 교체
6. 전문 선박용품점에서 가로활대 지지용 나사, 철선, 경적용 펌프, 예비 EPIRB 구입
7. 돛을 올릴 때 대원들이 기대는 지주용 파이프와 가로활대를 올려놓는 파이프의 부러진 부분 용접
8. 변비 해결을 위한 관장약, 설사약, 섬유질 약 구입
9. 고위도 지방으로 가면서 날씨가 추워져 겨울용 내의, 속옷, 양말 구입
10. 제대로 작동하지 않는 윈드베인 교체 상담
11. 비상뗏목 점검, 성경과 원불교 경전 구입
12. 녹슨은 노트북용 RAM 구입

구원의 섬 웨이크

웨이크 섬 가는 길

2월 18일 맑음

오전 11시, 동풍을 받으며 순조롭게 하와이의 알라와이 항을 벗어났다. 그동안 정들었던 교민들이 항구에 서서 보이지 않을 때까지 손을 흔들어 주었다.

2월 24일 흐림

출항하고 며칠은 바람이 약해서 호수 같은 바다를 엔진과 돛을 둘 다 사용하며 항해했는데, 오늘은 바람이 강해서 돛만으로도 빠르게 이동 중이다. 파도도 높지 않아 미끄러지듯이 서쪽으로 달려간다. 바닷물 온도는 섭씨 24도, 맑고 푸른 북태평양 바닷

바람이 없어 한가한 휴식시간 _이 대원은 하와이 전통 악기 우쿨렐레를 연주하고, 권 대원은 낚시를 하고 있다.

물의 메탄 측정값은 35나노몰/리터로 바닷물 성분 가운데 메탄가스가 조금밖에 없음을 알려 준다.

호놀룰루에서 지 선장이 개인적인 이유와 건강 문제로 빠지고 이호근 대원이 합류했다. 그가 점심으로 인스턴트 자장면 2개와 매운라면 1개를 섞어 끓인 일명 '짜신'을 선보였다. 작곡을 전공한 이 대원에게 하와이 교민호놀룰루 서울안경 사장님이 항해 중 심심할 때 켜라고 준 우쿨렐레를 배웠다.

2월 26일 금요일 흐림

바람이 거세진다. 배 안으로 들어오면 멀미가 나서 비를 맞으며 갑판에서 자고 있는 이 대원이 추워 보인다. 아무리 배 안에서 자라고 해도 뱃멀미가 나서 못 들어가겠단다. 방수복을 입었지만 밤새 비바람과 파도에 시달리면 몸이 얼고 녹초가 되는데도 밖에서 버티는 것이 안쓰럽기만 하다.

2월 27일 토요일 흐리고 비와 폭풍

시속 70~80미터의 강풍이 분다. 배는 한 조각 낙엽처럼 바다 위를 이리저리 뒹굴고 있다. 권 대원과 나 두 사람만 교대 근무를 시작했다. 파도와 바람이 너무 거세어 잠시라도 방심하면 배가 돌아간다. 자칫 큰 사고로 이어질 수도 있으므로 경험이 부족한 이 대원에게 오롯이 배를 맡길 수 없는 상황이기 때문이다.

밤새 일 초도 방심할 수 없을 정도로 정신없이 배가 달려간다. 바람이 너무 세서 돛을 줄일 수도 없다. 멈추지 않는 야생마를 타고 달리는 것과 다르지 않다. 우리를 더 힘들게 하는 건 이 야생마가 언제 멈출지 모른다는 사실이다. 이대로 바람이 더 거세어지면 배를 조정할 수 없어 속력을 줄이기 위해 어쩔 수 없이 돛을 찢어야 할지도 모른다. 그러면 더 이상 항해를 할 수 없어 조난 신호를 내야 한다.

'쾅' 커다란 파도를 맞았다. 자동차를 타고 가다 큰 트럭과 충돌한 것 같다. 큰 충격으로 배 안의 물건들이 모두 튕겨져 나왔다. 갑판에 누워 있던 이 대원이 우현에서 좌현으로 날아갔으나 다행히 난간을 붙잡았다. 비상 상황이다. 조종석을 덮고 있던 천막이 배를 넘어온 파도에 찢어지고, 풍력발전기의 파이프가 부러졌다. 발전기 날개들이 물속에 잠기면 배를 조종하기 어려워지지만, 임시로 파이프를 뱃전에 밧줄로 묶어 놓고 항해는 계속한다. 그저 바람이 잔잔해지기만을 기도할 뿐이다. 윙윙거리는 풍력발전기 돌아가는 소리는 바람이 거세어지사 회선날개의 한계를 넘어서 무쇠가 찢어지는 소리로 바뀌었다. 절로 소름이 돋는다. 아, 다시는 먼바다 항해는 하지 않으리!

3월 2일 화요일 맑음

경도 180도의 날짜변경선을 넘었다. 2월 28일에서 3월 1일 없이 바로 2일이 되었다. 하루를 잃어버린 느낌이다. 이제부터 항해는 서쪽으로 가면서 경도 값이 줄어들 것이다.

3월 4일 목요일 맑음

풍력발전기를 사용할 수 없어서 배터리를 충전하기 위해 엔진을 켰다. 충전을 마치고 엔진을 끄는 데 멈추질 않는다. 순간 당황했다. 급하다고 연료 공급 라인을 끊으면 다시 시동걸 때 연료 공급 라인 안의 공기를 빼내야 한다. 그런데 우리 장주호의 엔진은 디젤엔진 중에서도 시동 걸기가 어려운 편인 퍼킨스엔진이라 다시 시동 걸기가 더 힘들어질 것이다. 엔진 컨트롤박스가 폭풍으로 침수되었을 때 부식되어 정지 스위치가 고장난 것 같다. 엔진실로 내려가 비상용 연료 중단 스위치를 꺼서 연료 공급을 중단시켜 간신히 엔진을 껐다.

웨이크 섬으로 향하면서는 바닷물에 녹아 있는 메탄가스의 양이 하와이 이전에 관찰한 것과는 비교도 안 될 만큼 많다. 메탄 측정값이 153~237나노몰/리터이다. 아마도 해저 화산이나 지진과 관련해서 메탄가스가 방출된 것이라 생각된다. 이 해역의 해저에는 화산들이 있다고 알려져 있다.

웨이크 섬 도착 4일 전! 섬에서 해야 할 일을 정리해 본다. 가장 급한 일은 풍력발전기의 파이프 용접, 조종석 앞 천막 깁기, 부러진 태양전지판 고정쇠 교체, 엔진 컨트롤박스 수리 등이다. 이외에도 마스트에 올라가서 장거리무전기 안테나를 다시 설치해야 한다. 배에서 가장 튼튼해서 절대로 부서지지 않을 것 같았던 풍력발전기 파이프가 부러진 것을 보며 자연 앞에 인간이 얼마나 왜소한지 다시 한 번 깨닫게 된다.

3월 6일 토요일 맑음

며칠째 물고기를 잡지 못해 단백질 공급이 부족하던 차에 이 대원이 마히마히를 낚았다. 호놀룰루를 출항한 후 처음으로 잡은 고기라서 그런지 생선회를 떠서 맛있게 먹었다. 남은 것은 저녁에 스테이크로 만들었는데, 하와이의 고급 식당에서만 나온다는 바로 그 스테이크이다.

웨이크 섬이 얼마 남지 않아 모두들 마음이 들떠 있다. 빠르면 내일 저녁, 늦어도 모레에는 도착이다. 보통 하와이에서 웨이크 섬까지 20일 정도 항해해야 한다. 2년 전에 도착한 팀은 28일 걸렸다고 하니까 우리가 16일 만에 도착하면 상당히 빨리 온 것이 된다. 무서웠던 폭풍 덕분에 빨리 올 수 있었지만, 다시는 그런 경험은 하고 싶지 않다.

3월 7일 일요일 흐림

웨이크 섬을 50킬로미터 남짓 앞에 두고 고민이 생겼다. 섬 도착 예정 시간이 해가 지고 2시간쯤 지나서이기 때문에 암초나 항구를 식별하기 어려울 것 같아서이다. 대원들 모두 가능한 한 빨리 도착해 쉬고 싶어 해서 바람뿐만 아니라 엔진 출력도 높여 시간을 단축해 보기로 했다. 바람은 약 시속 55킬로미터로 견딜 만했지만 섬으로 다가갈수록 파도가 급격히 높아지기 시작했다. 아주 작은 환초고리 모양으로 배열된 산호초 섬이라서 육안으로 식별할 수 있을 것이라 생각하고 섬에 근접할 때까지 별다른 주의를 하지 않았다. 밤이 되자 섬의 등대와 불빛들이 하나둘 켜졌다. 섬의 뒤쪽으로 돌아가려고 방향을 트는 순간, 앞에 거대한 하얀 거품의 파도가 보였다. 모두 배의 난간을 붙잡았는데 파도가 배에 부딪히면서 배는 옆으로 넘어졌다. 다음 파도가 밀려오기 전에 벗어나려고 엔진 출력을 높이고 돛을 조정했지만, 다시 밀려온 파도가 배를 거세게 밀어붙이자 옆으로 넘어진 배는 다시 일어나지 못했다.
암초에 걸려 버린 것이다. 무시무시한 파도는 계속 덮쳐오고 옆으로 누운 배에서 우리가 할 수 있는 일은 아무것도 없었다. 프로펠러가 물 밖으로 나온 상태라서 엔진은 무용지물이고, 돛은 수면에 놓여 배가 추진력을 얻을 수 없다. 깜깜한 밤에 하얀 포말의 파도가 산처럼 밀려오는 모습을 바라보고만 있어야 하는 것은 끔찍한 일이다. 잠시 넋을 놓고 그저 죽음을 기다리고 있었다.
구조 요청을 하자고 권 대원이 제안했다. 그 순간에도 '이렇게 험한 바다로 구조하러 올까' 하는 생각과 '구조하러 온다고 한들 우리가 살아날 수 있을까' 하는 생각이 들었다. 그러나 달리 방법이 없었다.

"메이데이 메이데이긴급조난신호 여기는 장주호"

"현재 위치는? 부상자는? 구조내가 갈 것이나."

다행히 웨이크 섬에서 바로 응답이 왔다. 배에 물이 차면서 엔진 타는 냄새가 나서 엔진을 끄고 구조대가 잘 알아볼 수 있도록 배의 모든 전등을 켰다.

"배의 위치를 확인했다. 구조하기 쉽도록 돛을 내려라."

멀리 불빛이 보인다. 헬리콥터가 올 것이라 예상했는데 그 사이 배가 해안으로 떠밀려가서 구조대는 해안에서 로프를 가지고 배로 다가왔다. 구조대가 배에 밧줄을 거는 사이 우리는 닻을 내리고 배터리 전원을 끄는 등 배에 더 이상 피해가 가지 않도록 조치를 취하고서 해안으로 나왔다. 해안에는 수십 대의 구조 차량과 구급차, 소방차가 대기하고 있고, 많은 사람들이 배로 길게 이어진 로프를 잡아 주고 있었다. 누군가 생수병을 건네주었다. 물에 흠뻑 젖은 채 몇 시간을 떨었는데 물맛이 기가 막히게 좋다.

3월 8일 월요일 맑음

우리가 조난 당한 해변은 피콕 곶으로, 웨이크 섬 남쪽의 파도가 매우 높은 곳이다. 장주호가 간밤의 파도에 많이

칠흑 같은 어둠 속에서 해상구조대원이 장주호에 밧줄을 연결하고 있다.(왼쪽) 웨이크 섬의 주민들이 배로 연결된 밧줄을 당기며 구조를 돕고 있다.(오른쪽) 사진은 웨이크 섬 구조대에서 제공해 주었다.

손상되어 기지 사령관에게 가능한 한 빨리 뭍으로 옮겨 달라고 요청했다. 해안에 크레인이 접근하기 어렵고 바람 때문에 크레인이 배를 들어 올려도 심하게 흔들려서 작업하기가 쉽지 않단다. 그래도 해안으로 길을 내고 바람이 잦아든 틈을 이용해 일단은 파도가 닿지 않는 뭍으로 배를 끌어올렸다.

옆으로 누워 있는 장주호를 보니 마음이 아프다. 어젯밤에 힘든 일을 겪었는데도 대원들은 배를 빨리 수리해서 다시 출발하자고 결의를 다진다. 대서양에서 장보고호를 잃어버리고, 북태평양에서 장주호가 파손되었지만 여기서 포기할 수는 없다. 기운을 내서 소리를 질러 본다. 일어나라,

구조된 다음날 해안에서 바라본 장주호 _어젯밤에 우리를 삼킨 거센 파도가 보이는 듯하다.(위) 수리를 위해 해안으로 끌어올린 장주호(아래)

장주호여!!!

미군 부대 실무자들과 회의를 했다. 배를 놓을 선대船臺를 제작하고 그 위에 장주호를 기중기로 들어 올려 내려놓기로 했다. 일단 배를 올려놓을 뼈대만 만들어진 선대 골격을 트랙터로 운반해서 배 옆에 평행하게 놓았다. 쇠로 제작된 선대라서 용접공들이 배의 모양대로 쇠파이프를 선대에 용접하여 배가 안정적으로 놓이게 만들었다.

2개의 쇠사슬을 배 밑으로 넣어서 배를 기중기로 조금씩 올리니 배의 하중 때문에 쇠사슬 닿는 부분이 부서졌다. 배를 수리장소로 이동하기 위해 지지대를 보강했다. 배가 정확히 수직으로 세워지지 않아 다시 보조대를 부수고 만드는 과정에서 배가 많이 상했다. 그래도 달리 방법이 없어 계속 들어올렸다. 누워 있던 배를 수직으로 들어 올리

장주호를 좌대에 올려놓은 모습(왼쪽) 장주호를 난파 장소에서 항구로 옮기는 모습(오른쪽)

려면 배를 지지하는 2개의 쇠사슬이 배가 수평 상태에서 수직 상태가 될 때까지 회전해야 하는데 그런 장치가 없어서 기중기로 들어 올렸으나 수평 상태를 그대로 유지할 뿐이다. 그러면 선대에 올릴 수가 없어서 배의 바닥에서 쇠사슬과 용골선박 바닥의 중앙을 받치는 길고 큰 재목 부분을 연결하여 배를 들어 올리면서 배의 돛대가 수직으로 세워지도록 했다. 하루 종일 작업을 했지만 완전히 수직으로 세우지는 못했어도 배를 선대에 올려놓을 수는 있었다.

난파된 후 우리 탐사 팀을 도와주던 하와이 교민 폴 김 형님께 전화를 걸어서 상황을 알렸더니 배 수리에 필요한 에폭시와 유리섬유를 구해서 수리 전문가와 함께 섬으로 오시겠다고 한다. 하와이 영사관의 무관인 허 대령이 태평양 공군 사령관이 적극적으로 지원하겠다고 약속했다는 소식을 전해 주었다. 앞으로의 절차는 워싱턴 주미 대사관에서 미국 국무성으로 공문을 보내 허가가 나면 하와이에서 수리물자와 배 수리 전문가가 웨이크 섬으로 들어오면 되는 것이란다. 나로서는 하루라도 빨리 배를 수리해서 태풍이 오기 전에 귀국해야 하기 때문에 조바심이 나는데, 왜 우리나라 대사가 미국 국무성에 편지를 해야 하는지 이해할 수 없었다.

동해에서 발생한 저기압으로 인해 예상치 못한 폭풍이 일본 열도를 휩쓸었다는 소식이다. 우리 배가 좌초되지 않았으면 아마 우리가 그 폭풍에 갇혀서 위험에 처했을지도 모르겠다.

법정 스님이 말씀하신 '무소유'가 생각났다. 이제 배를 버리고 돌아가게 될지도 모르는데 그렇게 되면 나는 정말 무소유가 될 것이다. 지난 2년 동안 돈과 배를 잃었고 자료를 저장해 둔 노트북을 잃어버렸으며, 이제는 임무를 완수하지 못해서 명예까지 잃게 될지도 모르니 무소유가 따로 없다. 그러나 후회는 하지 않는다. 살아 있다는 것이 행복하고 감사하다.

3월 21일 일요일 맑음

저녁에는 발전소 기사인 태국인 쩝이 돈과 명함을 가져왔다. 꼬깃꼬깃 접은 20달러와 50달러짜리 여러 장이다. 한 달 월급이 500달러 남짓이라는데 우리가 어려움에 처한 것을 걱정하여 도와주는 것이란다. 돈은 사양하고 태국에 가면 들르라는 쩝의 친구 명함만 받았다. 미군 부대에서 인건비가 싼 태국 사람을 군무원을 고용하기 때문에 이 섬에는 유독 태국 사람이 많다. 고마운 마음을 어떻게 갚아야 할지 모르겠다.

매번 태국 사람들의 만찬 초대에 응하는 것이 미안해서 배에 있는 위스키를 가져오고 싶었지만 마음대로 돌아다닐 수 없어서 우리 배에도 갈 수 없다. 하는 수 없이 숙소에만 머물고 있는데 쩝이 우리 사정을 알고 맥주를 3박스 가져왔다. 미안하고 고맙다.

3월 26일 금요일 맑음

이곳에 도착한 지 20일째 되는 날이다. 대원들의 사기는 바닥을 기고 신경은 날카로워질 대로 날카로워졌다. 의견 충돌이 잦아진다.

현지 사령관에게서 오후에 하와이 한국 영사관, 자기 상관, 우리와의 3자회의가 열릴 것이라는 전갈이 왔다. 대처 방안을 정리했다. 우리의 유일한 협상 카드는 우리가 이곳에 있다는 사실이다. 동아일보의 박근태 기자와 통화했다. 법률 자문을 받으려고 했는데 요트 관련 국제해사법 전문가를 한국해양대학교에서도 찾지 못했다고 한다. 내가 국무성으로 보낸 편지 중 국제사법재판소에 제소하겠다는 내용 때문에 미국 측이 당황하고 있다고 한다. 하와이 영사관의 무관이 어찌 전달했는지 우리 탐사가 상업적인 성격을 띠고 있다는 오해도 하고 있다고 전한다.

회의를 시작하면서 혹시 오해하고 있을지도 모르는 우리 탐사 팀의 성격을 정리해 전달했다. '우리의 탐사는 비상업적이며 지극히 개인적인 과학 탐사로서 바닷물 속의 이산화탄소와 메탄가스 등을 측정한다. 탐사 비용은 단장인 내가 저축한 돈과 일부 스폰서의 기부금으로 충당하고 있다'는 내용이었다.

더불어 '우리는 배와 함께 이곳을 떠난다.'는 간단하고도

명확한 우리의 입장도 전달했다. 우리 주장의 근거는 '가장 쉽고 가장 경제적인 방법'이란 것이다. 미국 측이 주장하는 대로 일단 섬을 나가서 비용, 수리 전문가, 부속품 등을 구해 가지고 오는 방법보다는 여기서 요트 수리 전문가와 수리 용품을 구해 수리하는 것이 훨씬 간단하기 때문이다.

실은 비용도 문제이다. 웨이크 섬에서 하와이로, 다시 하와이에서 한국으로 가서 전문가 2명과 탐사 대원 3명이 다시 오려면 비행기 값만 해도 엄청나다. 웨이크 섬에서 하와이까지만 해도 1만 5000달러로, 미국의 군용 수송기가 유일한 교통편이다 보니 부르는 게 값이다. 거기에 중간 기착지 등에서 사용하게 되는 체류 비용과 갔다 왔다 하는 사이에 들어가는 비용까지 합하면 엄청난 비용이 필요하다.

그러나 무엇보다 중요한 것은 우리에게 장주호와 장비들이 갖는 의미이다. 약 2년 동안 탐사한 내용과 장비가 실려 있기 때문에 우리는 이곳 웨이크 섬을 떠나지 않고 직접 지켜야 한다.

하지만 헌병이 와서 체포하더니 강제로 추방하겠다고 했

다. 그래서 2가지 문서, 즉 배를 가지러 다시 올 수 있는 허가서와 왜 지금까지 수리용품을 가져다주지 않았는지 설명하는 이유서를 요청했다. 문서를 작성해 주지 않으면 섬을 떠나지 않겠다고 버텼지만, 결국 하나도 받지 못하고 강제로 추방당하고 말았다.

웨이크 섬 체류

우리가 상륙한 웨이크 섬은 하와이와 일본 열도 사이에 있는 유일한 섬이다. 미군 비행장과 군사 시설이 있어 이곳에서 장주호를 수리하려면 체류 허가가 날 때까지 하와이로 나가서 기다려야 하는 것이 원칙이란다. 하와이로 나가면 생각지도 않았던 항공료와 숙박비를 지출해야 하는 것도 문제이지만 어쩌면 다시 돌아올 수 없을지도 모른다는 생각이 들어 우리는 초조해졌다. 하와이 영사관의 무관에게 전화를 걸어 이곳에서 배를 수리할 수 있도록 도와 달라고 부탁했다. 초조하게 하루 빨리 체류 허가가 나기만을 기다렸다.

다행히 태평양 공군 사령관이 적극적인 지원을 약속하여 하와이로 나갔다가 다시 돌아올 필요는 없어졌다. 배 수리에 필요한 물품과 요트 수리 전문가를 하와이의 폴 김 형님에게 부탁하고 미군 측에는 그 운반을 요청했다. 그런데 하와이 영사관의 담당자와 통화해 보니 외교부 승인을 받아서 주미 대사관에서 미국 국무성으로 공문을 발송해 허가를 받아야만 요트 수리 전문가가 웨이크 섬으로 들어올 수 있을 것이라고 한다. 이렇게 여러 단계의 결재를 받다 보면 시간이 지체되어 태풍 시즌에 항해를 하게 될지도 모르니 가능하면 과정을 줄여 달라고 건의했다.

우리가 미군 부대를 불법 침입한 것이 아니라 배가 파손된 긴급한 상황에서 피신한 것이므로 파손된 배를 수리해 다시 출항하도록 돕는 것은 국제해사의 관행이다. 따라서 미국 군사 시설 안에 우리가 체류하는 것은 문제될 것이 없다. 그런데 구조된 날 밤에 우리를 데리고 간 곳은 군인 숙소로, 하룻밤에 1인당 120달러를 지불하라고 했다. 쥐가 들락거리는 허름한 숙소의 숙박비가 비싸서도 놀랐지만, 구조해 준 난민에게 방값을 요구해서 더 놀랐다. 가장 싼 방을 달라고 하니 3사람이 한 방에 기거하고 100달러만 내라며 침대 3개를 놓고 가버렸다.

미군에 요청한 수리 물자가 들어오지는 않았지만 장주

호로 가서 음식물과 옷을 말리고 청소하면서 기다렸다. 피해 상황을 확인해 보니 생각보다 여러 곳이 파손되었다. 다행히 전기 장치와 배터리가 있는 우현은 침수되지 않아 전기 시설과 항해 장비는 상태가 괜찮았다. 배의 파손 상태를 사진으로 찍어서 하와이의 수리 전문가에게 보냈다. 하와이에 정박해 있을 때에 우리 배를 수리해 준 바로 그 사람이다. 자신에게 아이디어가 있다며 수리하러 올 출장 준비를 하겠다고 했다.

그런데 두 가지 문제가 있었다. 미국 군사 시설 안이라 민간인 수리 물자가 섬으로 들어올 수 없다는 것과, 하와이의 전문가가 출장 올 때에 발생하는 비용에 대하여 무한 보증을 요구한 것이다. 서울의 외교통상부에서는 개인적인 일이므로 관여하지 않겠다는 입장을 표명했고, 『과학동아』에서는 비용이 얼마인지 모르는 상태에서 무한 보증은 곤란하다고 했다. 그래서 내가 보증하겠다고 나섰으나 그것은 인정할 수 없다고 했다.

우리는 밤마다 배를 가지고 돌아갈 방법만 논의할 뿐 다른 일이나 생각은 할 수 없었다. 직접 또는 친지나 선후배를 통해 여러 방면으로 국내외 화물선 관련회사를 찾아 확인해 보았는데, 화물선으로 운반하는 것은 불가능하다는 결론을 내릴 수밖에 없었다. 가격도 가격이지만 현실적으로 화물선이 정기항로를 벗어나 웨이크 섬에 들를 수가 없었다. 일 년에 한 번 이 섬을 방문하는 바지선 회사와도 접촉했는데, 섬에서 나갈 때는 컨테이너를 싣고 가기 때문에 운반해 줄 수 없다는 답변을 들었다. 그렇다고 작은 어선으로 장주호를 가져갈 수는 없는 노릇이었다. 장보고기념사업회 이사장님을 통해 국내로 귀환하는 참치 어선도 알아보았지만, 대부분 현재 남태평양에서 조업 중이며 그나마 귀국 일정이 잡힌 배가 없다는 답변을 들었다.

섬에 도착한 지 11일이 지나면서 모두 지쳐 갔다. 처음에는 서너 번씩 타다 먹던 미군 식사도 맛이 없어졌다. 배를 고쳐서 빨리 여수로 돌아가야겠다는 의지가 점점 자포자기 심정으로 바뀌었다. 할 수 있는 일이라고는 막연하게 배를 수리하는 재료가 오기만을 기다리는 것뿐이다. 답답한 마음에 현지 사령관과 면담도 해 보았으나 장주호를 수리하지 말고 그냥 가져가기를 바란다는 답변만 들었다. 다른 배에 실어서 가져가라는 말인데, 문제는 다른 배가 없다는 것이다. 유일하게 이 섬에 들어오는 미군 화물 운반용 바지선 회사가 이미 장주호를 실어줄 수 없다고 했기 때문이다. 우리는 야자나무 줄기로 묶이시라도 끌고 나갈 각오이지만, 창살 없는 감옥에 갇혀 점차 의욕은 꺼져만 갔다.

경비와 분실

늘 3명의 경비가 우리 막사 앞을 지키고 있다. 몇 명 되지도 않는 인원으로 우리까지 감시하려니 병사들이 힘들어하는 눈치이다. 사실은 이렇게 작은 섬에서 감시한다는 것도 그렇고, 아침 저녁을 같이 먹는 친구들이 문 앞을 지키니 웃기기도 하지만 한편으로는 스파이가 된 기분도 들었다. 출국하기 전날 갑자기 경비가 사라져서 알아보니 병사들이 힘들어하고 굳이 경비를 세울 필요가 없어서 감시를 해제했다고 한다.

장주호로 가서 짐을 정리하면서 붐과 돛을 배 안으로 옮기고 말린 빨래와 부품도 배 안으로 들여 놓았다. 쥐똥이 발견되어 걱정이다. 탐사 장비를 분리해서 숙소로 가져 왔다. 그 사이 스페어 스크루, 아웃보드용 스크루, 술, 수중 랜턴, GPS 등 몇몇 물건을 잃어버렸다.

일기를 쓰려고 보니 USB카드도 보이지 않는다. 손톱만

한 것이라서 혹시 어제 터미널에 갔을 때 잃어버렸나 싶어서 가보니 다행히 어제 당직자가 주워서 보관 중이었다. 배에서 여러 물건을 잃어버려 나쁜 사람들로 알았더니 그렇지 않은 사람도 있다. 다양성은 어디에나 존재한다.

추방

태평양 미국 공군 사령관의 호의로 난파된 배를 해안으로 끌어올려 수리를 기다리던 중 웨이크 섬이 미국의 군사기지라는 이유로 국무성의 지시에 따라 추방이 결정되었다. 2010년 3월 30일에 그동안 신세진 태국 군무원 친구들, 사령관, 사업책임자, 공사감독과 작별인사를 하고 군용 수송기 C-130을 타고 하와이 히컴 기지로 갔다. 공항에는 한국과 미국 대사관 관계자들과 미국 공군 변호사가 마중 나와 있었다.

웨이크 섬을 떠나며 C-130 수송기 앞에서

공항에서 마지막으로 미국 공군 변호사에게 '왜 우리에게 선박 수리 재료를 주지 않았

냐'고 질문했다. 웨이크 섬에서 서면으로 여러 번 문의했지만 답변이 없었던 디라 미리 권 대원에게 녹음을 하도록 지시해 놓았다. '미국 군사 시설 안으로 민간 물자가 들어갈 수 없다'는 것이 대답이었다. 해상에서 조난당한 선박은 적성국이든 군사 시설 안이든 어느 항구로 들어가던지 수리하도록 도와주는 것이 국제관례이다. 그런데 웨이크 섬에서 우리는 배를 빼앗기고 쫓겨났으니 분명 국제해사법 위반이다. 미국 국내법이 군사 시설 안으로 민간 물자가 들어가는 것을 금지하고 있다고 해도 난파된 배에는 적용할 수 없는 조항이다.

제3부

장주호여, 영원하라

항해의 과학적 의미

해양 탐사의 어려움과 의미

연구소의 대형 탐사선을 이용하여 편하게 연구를 하다가 10미터 크기의 작은 요트로 탐사하다 보니 여러 가지 문제가 일어났다. 작은 배라서 수심이 얕은 지역에 접근하기는 쉽지만 탐사 대원이 많이 승선할 수 없어 장비 설치와 분석을 혼자서 해야 했다.

탐사 장비들은 측정할 때마다 바닷물 속으로 내려야 하기 때문에 매번 흔들리는 배 위에서 한 손으로는 몸을 지탱하면서 다른 한 손으로 장비를 내리고 올려야 했다. 탐사

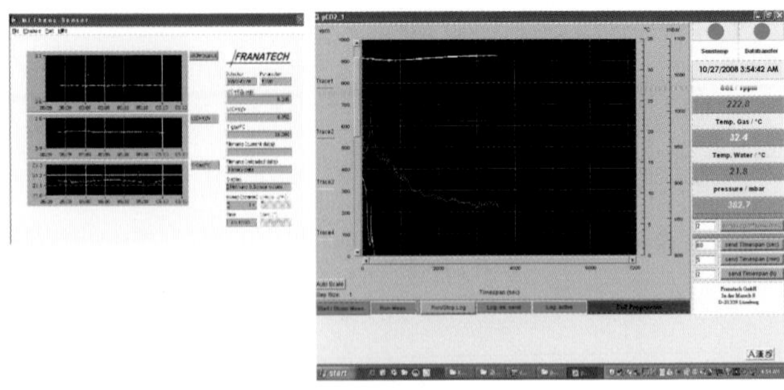

메탄 측정기로 측정한 해수 중에 포함된 메탄의 양을 보여 주는 그래프(왼쪽)와 이산화탄소 측정기로 측정한 해수 중에 포함된 이산화탄소의 양을 나타내는 그래프(오른쪽)

장비는 바닷물 중의 메탄, 이산화탄소, 기타 성분을 측정하는 것들로 측정한 후에는 다시 장비를 끌어올려 정비해 두어야 한다.

이산화탄소 측정기는 처음 출항했을 때는 전기로 펌프를 작동시켰지만 배터리가 부족하여 수동 펌프 시스템으로 바꿨다. 사용 중에는 계속해서 수동 펌프를 작동시켜 바닷물을 순환시켜 주어야 하므로 측정하고 있는 동안에는 다른 일을 전혀 할 수 없다. 답답한 실내에서 몇 시간씩 펌프질을 하다 보면 절로 멀미가 난다. 파도가 거친 지역에서는 측정하는 동안 파도로 인한 충격과 배 안으로 들이치는 바닷물 때문에 탐사용 컴퓨터가 자주 고장이 나기도 했다. 2

년도 안 되는 기간 동안 3대나 망가졌다.

배에서 내려 해안의 바위나 흙, 동식물을 관찰할 때에는 대개 사람들이 자주 찾지 않는 외딴 곳이라 악어, 상어, 뱀 같은 동물들이 방해를 해서 연구에 집중하기가 어려웠다.

육체적으로 힘든 것보다 더 어려웠던 점은 과학에 대한 이해 부족이다. 웨이크 섬에서 돌아오니 누군가 이번 프로젝트는 실패한 것이라고 했다. 『과학동아』의 기자가 '장보고호가 무사히 한국까지 오는 것이 의미 있는 일이 아니라 그동안 수행한 과학적 탐사와 도전 정신이 가치가 있는 일'이라고 부연 설명을 해야 했다.

항해 계획서에서 밝혔듯이 '다윈의 비글호 항해 답사'의 목표는 다윈의 과학적 업적을 현대적 관점에서 되짚어보고, 지구 환경 변화에 대한 이해와 자원의 효율적 이용에 대한 지식을 넓히자는 것이었다. 그런 의미에서 본다면 웨이크 섬에서 여수까지 약 20일간의 일정이 빠진 것은 항해 목표와는 별개의 문제라 할 수 있다.

요란한 환영을 받으며 귀항하지 못한 것이 어쩌면 다행이기도 하다. 자신을 돌아보고 앞으로 갈 길을 내 의지대로 결정할 수 있는 기회가 된 때문이다. 앞에서도 잠깐 이야기

했지만 일정대로 항해가 계속되었다면 일본 기상 관측 이래 가장 강력했다는 바람을 바다에서 만났을지도 모른다. 그렇다면 어쩌면 살아남지 못했을 수도 있다. 항해라는 측면에서 이번 탐사를 평가한다면 완주하지 못한 것일 수도 있다. 산을 오르는 사람들의 목표가 언제나 정상을 밟는 것이 아니듯이, 과학에서 중요한 것은 '정상'이 아니라 그곳까지 가는 과정에 큰 의미가 있다. 이제 내가 가지 못한 나머지 여정은 다른 과학자의 몫으로 남겨 둔다. 물론 그 다른 과학자가 나였으면 하는 희망을 아직 놓지 않았다.

지구온난화와 메탄가스의 중요성에 대하여

갈라파고스 섬의 북동 해상 50킬로미터 지점수심 약 2000미터에서 메탄가스 이상대를 발견했다. 바닷물에 포함된 메탄가스의 양이 최대 리터당 3.7마이크로몰로서 다른 바닷물에 비해 70배 이상 높은 값을 보였다. 바닷물의 표층에서 측정한 값이라 해저 쪽으로 들어가면 더 높은 값을 보였을 것이다. 이런 현상은 이 지점의 해저에 메탄을 다량으로 공급해 주는 탄화수소 자원이 있거나 화산활동과 관련이 있음을 암시해 주는 것이다. 현재까지 측정값들의 변화 양상은 용존 메탄이 지역에 따라 큰 차이가 있음을 나타낸다. 메탄을 공급하는 출처가 지역마다 다르다는 사실을 암시하고 있다.

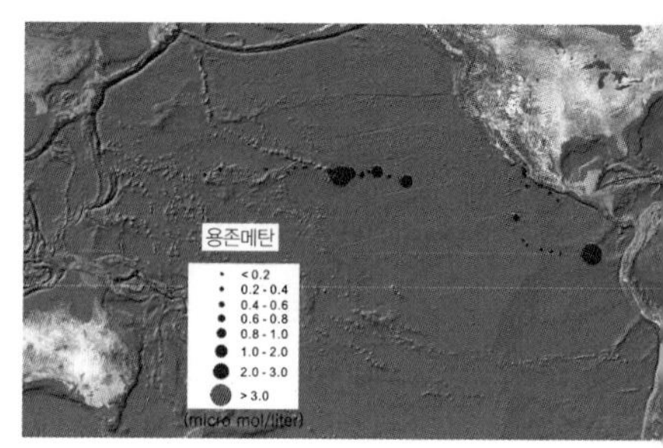

태평양을 횡단하면서 측정한 바닷물에 녹아 있는 메탄가스 양의 분포도

그동안 장주호에서 측정한 값들을 이용하여 포항공대의 이기택 교수가 바다 표면에서 대기로 방출되는 메탄가스의 양을 계산했더니 그 양이 상당하다. 틀림없이 지구 온난화와 기상 이변을 일으키는 요인이 될 텐데도 아직까지 이산화탄소에 비해 관심이 덜하다.

2009년 가을, 멕시코에서 장주호를 준비하는 동안 국내 과학계에서는 이산화탄소의 지중 저장 연구가 활발하게 진행되었다. 전에 근무했던 연구소에서도 석유가 저장되었던 저류암기름이나 가스를 품을 수 있는 공간이 많은 암석에 이산화탄소를 주입하여 저장하는 과제를 수행하고 있다는 소식을 전해왔다. 그동안 탐사를 하면서 관찰한 산호나 석회암은 분명 탄소와 관련이 깊었으며, 이번 탐사 중에 측정한 바닷물 속의 이산화탄소와 메탄의 양은 이런 연구들과 직접적인 관련이 있을 것이라 생각된다.

우리나라는 현재 CCS 탄소 포집 및 저장 사업을 추진하고 있는 부서가 여럿이다. 국토해양부, 교육과학기술부, 지식경제부, 환경부가 녹색성장위원회의 조정에 따라서 분야별로 과제를 진행 중이다. 이렇게 집중적인 투자를 하는 나라는 아직 없으므로 이 사업이 성공한다면 우리나라가 세계 최고가 될 수 있다. 다만, 이산화탄소만이 지구온난화나 기상이변의 주범일까? 하는 의문은 든다.

내가 측정한 결과를 보면 바닷물 속의 메탄가스 양이 상상했던 것보다 많이 포함되어 있다. 이러한 결과는 이산화탄소 외에도 지열, 화산활동, 메탄가스 등도 영향을 끼친다는 뜻일 것이다. 또 하나는 자연의 커다란 흐름을 인간이 조절할 수 없다는 사실이다. 인간이 생겨나기 전에 자연은 스스로 탄소의 양을 조절해 왔기 때문이다. 이번 탐사를 통해 사라진 무풍지대를 체험하고, 바닷물에 녹아 있는 엄청난 메탄가스 양에 놀라면서 최근 지구 상의 이변을 몸으로 느낄 수 있었던 것이 무엇보다 큰 의미로 남는다.

나에게 남은 것

난파된 장주호를 웨이크 섬에 남겨 두고 지친 몸으로 대원들과 귀국할 때는 아무 생각도 할 수 없었다. 수년 동안 적도에서 지낸 탓인지 한국의 4월은 너무 춥고, 감기 기운이 오랫동안 몸에서 떠나지를 않았다. 웨이크 섬에서 건강이 많이 회복되었다고 생각했는데, 이상한 열감과 함께 조금만 움직여도 너무 피곤해서 몸은 물에 젖은 솜처럼 무겁기만 했다.

목적지를 바로 눈앞에 두고 포기해야만 했던 항해는 아무리 마음을 비우고 잊으려고 해도 찜찜한 기분으로 나를 짓눌렀다. 유난히도 춥고 눈이 많이 왔던 지난겨울 때문에 사람들은 찬란한 봄을 기쁨으로 맞이하는데, 나에게는 여전히 한겨울이고 입구가 보이지 않는 캄캄한 터널 속일 뿐이었다. 한 달 정도 몸을 추스르고 지인들의 안부전화를 받으면서 여행이 아닌 정착된 일상에 조금씩 적응되어 갔다.

배를 남겨 놓고 쫓겨나면서 약 2년간 모아 둔 장비와 자료를 두고 나오는 바람에 산호 시료 등 많은 자료를 잃었다. 그러나 인생사 새옹지마라고 하지 않던가! 그동안 같이

했던 탐사 대원 중에 손 끝 하나 다친 사람 없이 모두 무사히 귀국했다는 사실만으로도 큰 행운이다. 만약 누구 하나라도 몸이 상하는 사고를 당했더라면 평생 죄의식을 갖고 살아야 했을 것이다. 참 다행이다.

장주호의 미래는 밝다

장주호가 난파된 후, 하와이 교민들이 선박 수리 전문가와 수리 물자를 준비해서 웨이크 섬에 들어오려고 했지만, 군사 시설에 민간인과 물자를 들일 수 없다는 미국 국내법을 내세우는 미국 국무성의 지시로 좌절되었다. 우리나라 외교통상부는 개인적인 문제라서 개입하지 않을 방침이라고 했다. 장주호를 가져올 수 있는 유일한 방법은 부근을 지나는 선박이 운반해 주는 것이다.

그래서 하와이 방향으로 가는 국내 해양 관련 연구소와 대학의 탐사선과 해양실습선을 수소문해 보았다. 다행히 한국해양연구원의 온누리호가 서태평양으로 5월에 출발해서 9월 귀국한다는 소식을 들었다. 귀항 항로도 웨이크 섬에서 멀지 않다고 해서 무작정 한국해양연구원을 찾아갔다. 해양연구원 원장은 실무자들에게 긍정적으로 검토하라고 지시를 했지만 선박운영팀에서는 장주호를 실으면 온누리호의 비상 해치를 막기 때문에 실어줄 수 없다고 통보해왔다. 유일한 희망이 사라지는 순간이다.

3개월 안에 장주호를 실어가지 않으면 국가 재산으로 귀속시키겠다는 서류를 받고 섬에서 쫓겨났기 때문에 마음은 급한데 해결방법이 보이지 않는다. 안산의 해양연구원으로 연구책임자들을 찾아가서 부탁도 하고, 거제도 장목으로 온누리호를 방문해서 갑판의 공간을 활용하는 방법도 의논했다. 결국 난 장주호를 두 조각으로 잘라서 가져오면 된다는 대안을 제시했다. 담당자들은 황당해 했지만 단순하면서도 확실한 해결책이기도 했다. 이런 정성이 통했는지 여러분이 도와주어 온누리호를 이용할 수 있게 되었다.

웨이크 섬의 사령관에게 편지를 보내 구체적인 절차를 의논했다. 미국 공군 변호사가 제시한 절차에 의하면 현지 사령관과의 구체적인 계획이 확정되면 서류를 하와이 한국 영사관을 통해 미군에 접수시킨 후에 그 결과를 따르면 된다고 한다. 배가 난파되었을 때의 사령관이 전근을 가고 새로 사령관이 부임해서 일을 파악하는 데 오랜 시간이 걸렸다. 한국해양연구원에서는 온누리호의 일정을 확정지어 계획을 짜야 했고, 우리 탐사 팀도 하와이로 가는 비행기와 하와이에서 웨이크 섬으로 들어가는 미군 수송기를 예약해야 하는 빠듯한 일정인데도 늘 미군 사령관의 답장은 늦었다. 미군 측의 전임 사령관, 공군 변호사, 현직 사령관 등에게 20여 통의 편지를 보냈다. 늘 상대가 하기 싫어 하는 일을 억지로 부탁하는 꼴이 되고 만다. 결국 우리가 포기하도록 유도하는 질문만 여러 차례 이어졌을 뿐 일정은 지체되기만 했다.

한국해양연구원에서 온누리호의 선박 운항 일정이 촉박해져서 최종 기한을 제시하기에 이르렀다. 기간 내에 미군 측의 답장을 받아야 하는 상황이다. 결국 극단적인 방법을 동원할 수밖에 없게 되었다. 기한 내에 답장을 주지 않으면 거부하는 것으로 알고 국제변호사를 통해 일을 처리하겠다고 통보했다. 바로 답장이 왔다. 웨이크 섬 사령관 자신은 결정 권한이 없으니 하와이 영사관을 통해 정식 문서로 상급기관에 제출하라는 내용이다. 왜 진작 이 말을 하지 않고 차일피일 시간을 끌었는지 도통 알 수가 없다.

미군 측이 표명한 입장을 요약해 보면 현지에서 배를 분해할 때 필요한 공구도 준비해 오라는 것이다. 이런 공구들은 모두 섬에 있는 것으로, 우리가 가져가기는 어려운 대형 공구들이다. 현장에서 상륙정으로 항구의 온누리호까지 운반해 주는 것 외에는 모두 우리가 운반해야 한다고 했다. 이는 미군의 크레인과 트랙터 도움 없이는 할 수 없는 일들이다. 우리가 섬에 머문 한 달 동안 장주호를 뭍으로 끌어올린 것 외에 이들 장비를 사용하는 것을 본 적이 없다. 작전으로 바쁜 지역도 아닌데 우리를 도와주지 않으려는 속셈 같았다. 배를 가지러 오지 못하게 하려는 의도가 읽혔다. 아마도 이 섬의 군사기밀이 알려지는 것을 꺼리는 것이겠지만 난파된 탐사 팀을 도와주지 않는 지구상의 유일한 지역일 것이다. 냉전시대에도 적성국에서 난파된 요트가 쫓겨난 적은 없었다.

웨이크 섬 항구로 이동 중인 장주호

이후에도 미군의 태도는 미온적이었다. 탐사 팀이 섬으로 들어가는 수송기를 이용할 수 있게 해 달라는 요청에 웨이크 섬 사령관이 자신은 권한이 없으니 외교 채널을 통하라는 연락을 해 왔다. 이후로도 하와이 영사관을 통해 지불방법, 숙박, 공구 준비, 탐사대 인적사항, 온누리호 스펙이 첨부된 공식 문서를 제출했다. 그리고 약 2달이 다 되어가는 2010년 12월 현재까지도 미군 측의 답변을 듣지 못하고 있다.

항해 후기

힘들고 거칠었던 이번 항해에서 다윈이라는 170여 년 전 과학자의 마음과 도전 정신을 경험할 수 있었던 것이 가장 뜻 깊은 일이었다. 다윈의 모국인 영국의 어느 후손이 아니라 동양의 작은 나라 한국의 과학자가 먼저 다윈의 흔적을 찾아나섰던 것은 현지 사람들에게도 놀라운 일로 받아들여졌다. 지금도 오지로 여겨지는 남미의 곳곳을 지금보다 훨씬 열악한 여건 속에서 탐사했다는 사실만으로도 다윈에게 같은 과학자로서 절로 고개가 숙여진다. 더불어 하루빨리 우리나라에도 이런 도전과 열정을 가진 젊은 과학자들이 많아지기를 기대한다.

요즘 사회 문제화 되어 많은 주목을 받고 있는 지구온난화의 원인이 바다에 녹아 있는 메탄가스 양의 증가와도 관련이 있다는 사실을 알아낸 것은 뜻밖의 소득이다. 실제로 바다에서 메탄가스의 양을 측정해 보니 기준치보다 훨씬 많은 양의 메탄이 녹아 있었으며, 이 순간에도 쉼없이 대기중으로 방출되고 있다. 앞으로 많은 관심을 가져야 할 부분이며, 현재로서는 문제 제기만으로도 그 의미를 찾을 수 있다.

이번 항해는 자연이라는 위대함 앞에 인간이 얼마나 나약한 존재인가를 다시 한 번 깨닫는 계기도 되었다. 더불어 내가 살아 있다는 사실만으로도 충분히 감사해야 한다는 겸손을 배울 수 있었던 귀한 시간이었다.

떠날 때는 마치 내가 다윈의 후예라도 된 듯 폼 나게 나섰지만, 이제 다 잃어버리고 생활을 걱정해야 하니 조금은 서글프다. 여수로 금의환향을 했으면 나머지 후원금도 받고 장주호도 팔아서 경제적으로 어렵지 않았을지도 모른다. 하지만 뒤돌아보지는 않는다. 한 번도 후회하지 않았다. 538일간의 여정은 너무나 행복했던 시간이었고, 내 인생의 가장 멋진 선택이었기 때문이다. 이제 아침마다 북적대는 지하철을 타고 회사로 출근해야 하는 샐러리맨이 되었지만 난 포기하지 않았다. 여기서 자리를 잡으면 언젠가는 작고 낡은 배라도 구해서 또다시 떠날 것이나. 험한 파도와 폭풍우가 몰아치는 성난 바다를 보면 무섭기도 하지만 바람과 파도가 지나간 자리에서 진정한 나를 찾을 수 있기에 난 다시 바다로 돌아가련다.